NEW 현장실무중심

Basic Hair Coloring

[개정판]

메디시인

머리말

최근 우리나라의 모든 기술직종은 현장실무중심 산업현장에서 성공적이고도 효율적인 직무수행 능력을 갖도록 필요한 지식과 기술 및 소양 등을 체계화하여 기술과 학습 교육의 표준화를 이루었습니다.

이 책은 이에 준거하여 베이직 헤어컬러, 그레이 헤어컬러를 완벽하게 실행할 수 있도록, 베이직 헤어컬러링의 교과목 정리와 다양한 베이직 헤어컬러링의 이해, 그리고 15주 동안 수업할 베이직 헤어컬러링 실습과 창작으로 진행될 실습으로 나누었고, 실습 사진을 세세히 촬영, 수록하여 학생들로 하여금 자세하고도 쉽게 이해하도록 하려는 의도에서 집필되었습니다.

이와 같이 한 학기 동안 베이직 헤어컬러링의 기본 이해부터 다양한 실습까지 습득함으로써 산업현장에서 베이직 헤어컬러링을 자신감 있게 시행하고 나아가 손님들에게 인정을 받도록 하는 것이 또한 이 책의 목표입니다.

이 분야의 새로운 학습 모듈이 제시되는 등 시대 변화에 따른 연구를 게을리 하지 않을 것을 약속드리며, 아울러 교수님들의 지도와 성원을 부탁드립니다.

끝으로 실습과 촬영에 적극적으로 참여해 주신 선생님들과 편집디자인에서 출판에 이르기까지 애써주신 메디시언 임직원들에게도 심심한 감사의 말씀을 드립니다.

임인년 가을에

필자 대표 박 은 준

차례

Contents

차례

Chapter 4. 반영구 염모제 실습

Chapter 5. 영구 염모제 실습

Contents

차례

Chapter 1

2, 3 수준 베이직 헤어컬러링

1. 교과목 프로파일
2. 강의계획서
3. 주차별 강의계획서

Chapter 1

2, 3, 수준 베이직 헤어컬러링

1. 교과목 프로파일

대분류	중분류	소분류	세분류
숙박 · 여행 · 오락	이 · 미용	이 · 미용 서비스	헤어미용
능력단위 수준	2, 3 수준		
학습모듈 명칭 〈코드〉	베이직 헤어컬러 〈1201010125_21v6〉 그레이 헤어컬러 〈1201010126_21v5〉		
교과목표	1. 헤어컬러 분석이란 헤어피스에 염모제와 탈색제를 사용하여 다양한 색으로 표현된 헤어스와치로 차트를 완성하는 능력이다. 2. 베이직 헤어컬러란 블리치 레벨 차트와 컬러 차트에서 고객이 선택한 컬러의 염모제를 모발에 원터치 또는 투 터치 등의 도포법을 적용하여 모발의 색을 변화시키는 능력이다. 3. 그레이 헤어컬러란 백모의 비율을 고려하여 백모 커버 목적에 적합한 염모제를 선택 후 다양한 도포기법을 사용하여 백모를 커버하는 능력이다.		

능력단위 명칭	단원명 (능력단위 요소명)	교과내용
헤어컬러분석	블리치 레벨 차트 만들기	• 블리치 명도에 따라 2제의 농도(%)를 선택하여 배합할 수 있다. • 헤어 스와치에 블리치 제품을 도포할 수 있다. • 블리치 명도에 따라 처리시간을 결정하고 가온기를 사용할 수 있다. • 블리치 명도에 따라 10레벨의 블리치 레벨차트를 만들 수 있다. • 고객의 모발 색과 희망색의 명도(레벨)를 분석하여 고객염색 차트를 작성할 수 있다.
	헤어컬러 색상환 만들기	• 헤어 스와치에 반영구 염모제 1차색을 도포할 수 있다. • 헤어 스와치에 반영구 염모제를 혼합하여 2차색과 3차색을 도포할 수 있다. • 헤어 스와치에 반영구염모제와 영구염모제의 한색과 난색을 도포할 수 있다. • 처리 후 세척하여 헤어컬러 색상환(헤어컬러차트)을 만들 수 있다. • 고객의 희망색을 분석하여 염모제를 선택하고 고객염색차트를 작성할 수 있다.
	헤어컬러 보색 중화하기	• 헤어컬러 스와치의 염색색상을 중화하는 염모제색을 결정할 수 있다. • 염모제를 도포하고 처리시간을 결정할 수 있다. • 보색의 중화결과인 갈색을 확인할 수 있다. • 헤어컬러 스와치를 세척하여 보색 중화차트를 만들 수 있다. • 고객의 염색색상을 분석하고 보색염모제를 선택하여 고객염색차트를 작성할 수 있다.
베이직 헤어컬러 〈1201010125_21v6〉	베이직 헤어 컬러하기 〈1201010125_21v6.1〉	1.1 고객 상담을 위해 블리치 레벨 차트와 컬러 차트를 만들 수 있다. 1.2 고객의 의복, 피부 등에 염모제가 묻지 않도록 가운, 어깨보 등의 착용을 안내할 수 있다. 1.3 염모제를 사용하여 고객에게 패치테스트 및 스트랜드 테스트를 할 수 있다. 1.4 염모제를 사용하여 고객에게 패치테스트 및 스트랜드 테스트를 할 수 있다. 1.5 헤어컬러를 결정하는 염모제를 선택할 수 있다. 1.6 염모제 사용법을 파악하여 필요량을 덜어 놓는 등 사전 작업을 할 수 있다.

능력단위 명칭	단원명 (능력단위 요소명)	교과내용
	베이직 헤어컬러 실행하기 〈1201010125_21v6.2〉	2.1 염모제 사용법을 파악하여 필요량을 덜어 놓는 등 사전 작업을 할 수 있다. 2.2 고객의 두피와 의복 등에 염모제가 묻지 않도록 정해진 시간 내에 도포할 수 있다. 2.3 염모제 도포 후 처리 방법과 시간을 결정할 수 있다. 2.4 염모제의 발색 촉진을 위해 가온기나 음이온기기 등의 사용여부를 결정할 수 있다. 2.5 염모제의 발색을 확인하기 위해 컬러 테스트를 할 수 있다. 2.6 원하는 정도의 발색이 확인되면 고객을 안전하게 샴푸실로 안내할 수 있다.
	베이직 헤어컬러 마무리하기 〈1201010125_21v6.3〉	3.1 두피와 모발에 도포된 염모제를 제거하기 위해 에멀전 샴푸를 할 수 있다. 3.2 샴푸로 염모제가 완전히 제거된 모발에 트리트먼트제를 사용할 수 있다. 3.3 트리트먼트제를 충분히 헹구어 낸 후 물기를 제거하고 고객을 시술대로 안내할 수 있다. 3.4 타월 드라이 및 핸드 드라이 기법으로 모발을 건조할 수 있다. 3.5 고객이 원하는 스타일로 마무리한 후 주변을 정리정돈할 수 있다.
그레이 헤어컬러 〈1201010126_21v5〉	그레이 헤어컬러 준비하기 〈1201010126__21v5.1〉	1.1 고객의 의복, 피부 등에 염모제가 묻지 않도록 가운, 어깨보 등의 착용을 안내할 수 있다. 1.2 두피 및 모발 상태에 따른 전처리 제품과 도구 및 재료를 준비할 수 있다. 1.3 그레이 헤어컬러에 대한 부작용을 확인하기 위해 패치 테스트를 할 수 있다. 1.4 고객과의 상담 시 파악한 요구사항과 두상에 분포되어 있는 그레이 헤어의 비율을 기반으로 염모제를 선택할 수 있다. 1.5 선택한 염모제를 사용하여 그레이 헤어컬러 고객의 요구사항에 따라 염모제와 도포 방법을 결정할 수 있다.

능력단위 명칭	단원명 (능력단위 요소명)	교과내용
	그레이 헤어컬러 실행하기 <1201010126_21v5.2>	2.1 두피 및 모발 상태에 따라 선정된 전처리 제품을 도포할 수 있다. 2.2 그레이 헤어의 분포와 비율에 따라 염모제 도포 순서를 정하고 블로킹할 수 있다. 2.3 블로킹 되어 있는 모다발에 순서대로 염모제를 도포할 수 있다. 2.4 염모제 도포를 완료하고 랩핑 처리 후 처리시간과 가온기 등의 사용 여부를 결정할 수 있다. 2.5 처리 시간 후 컬러 테스트 결과에 따라 기염부와 연결을 위한 코밍 혹은 2차 도포를 할 수 있다. 2.6 원하는 컬러 수준으로 그레이 헤어가 커버가 되었을 경우 고객을 샴푸실로 인진하게 안내할 수 있다.
	그레이 헤어컬러 마무리하기 <1201010126_21v5.3>	3.1 에멀전을 진행하면서 헤어라인 및 피부에 묻은 염모제를 제거할 수 있다. 3.2 헤어컬러 전용 기능성 샴푸를 사용하여 두피 및 모발의 염모제를 제거할 수 있다. 3.3 염모제가 완전히 제거된 모발에 헤어 트리트먼트를 사용할 수 있다. 3.4 충분한 타월 드라이 후 고객을 시술대로 안전하게 안내할 수 있다. 3.5 충분한 타월 드라이 후 고객을 시술대로 안전하게 안내할 수 있다. 3.6 그레이 헤어가 자라는 형태에 대해 설명하고 재방문 시기에 대해 안내할 수 있다. 3.7 홈케어 방법에 대해 설명하고 헤어스타일을 마무리할 수 있다. 3.8 그레이 헤어컬러 시술이 끝나고 사용한 도구 및 기기, 제품 등을 정리 정돈하여 보관한다.

2. 강의계획서

<table>
<tr><td>능력단위명
〈코드〉</td><td colspan="7">베이직 헤어컬러 〈1201010125_21v6〉_2수준
그레이 헤어컬러 〈1201010126_21v5〉_3수준</td></tr>
<tr><td rowspan="2">이수구분</td><td colspan="2">이수시간</td><td colspan="3">학점</td><td colspan="2">학년/학기</td></tr>
<tr><td colspan="2"></td><td colspan="3">3학점</td><td colspan="2"></td></tr>
<tr><td>강의실</td><td colspan="2"></td><td colspan="3">요일</td><td colspan="2"></td></tr>
<tr><td>담당교수</td><td colspan="2">(인)</td><td colspan="3">연구실</td><td colspan="2"></td></tr>
<tr><td>연락처</td><td colspan="2"></td><td colspan="3">E-mail</td><td colspan="2"></td></tr>
<tr><td>학습환경</td><td colspan="2">헤어실습실</td><td colspan="3">학습자료</td><td colspan="2">교재</td></tr>
<tr><td>인력양성
유형</td><td colspan="2">어시스턴트/주니어 헤어 디자이너</td><td colspan="3">관련자격증</td><td colspan="2"></td></tr>
<tr><td>교과목표</td><td colspan="7">1. 헤어컬러 분석이란 헤어피스에 염모제와 탈색제를 사용하여 다양한 색으로 표현된 헤어스와치로 차트를 완성하는 능력이다.
2. 베이직 헤어컬러란 목적에 따라 선정한 염ㆍ탈색제를 모발에 원터치 또는 투터치등의 도포법을 사용하여 모발의 색을 변화시킬 수 있는 능력이다.
3. 그레이 헤어컬러란 백모의 비율과 염색의 목적에 따라 염모제를 배합하여 다양한 도포 기법으로 모발 색에 변화를 주는 능력이다.</td></tr>
<tr><td>실습장비 및
재료</td><td colspan="7">• 다양한 종류의 모발공용 탈색제와 염색제
• 헤어 스와치 및 헤어컬러가 되어있는 스와치
• 미용장갑, 앞치마, 염색보, 타월, 가운
• 샴푸제, 트리트먼트제
• 연습용 가발(인모)
• 마네킹 홀더
• 비닐 캡, 이어 캡, 호일, 랩, 탈지면, 면봉
• 피부보호제, 컬러리무버</td></tr>
<tr><td rowspan="3">교재 및
참고도서</td><td>구분</td><td colspan="2">교재명</td><td colspan="2">저자</td><td>출판사</td><td>출판년도</td></tr>
<tr><td>주 교재</td><td colspan="2">현장실무중심!
Basic Hair Coloring</td><td colspan="2">박은준 외</td><td>메디시언</td><td>2022</td></tr>
<tr><td>참고도서</td><td colspan="6"></td></tr>
<tr><td rowspan="2">수업진행
방식</td><td>이론강의</td><td>실습</td><td>발표</td><td>토론</td><td>팀
프로젝트</td><td>현장견학</td><td>코ㆍ티칭 등
기타</td></tr>
<tr><td>√</td><td>√</td><td></td><td></td><td></td><td></td><td></td></tr>
</table>

평가방법	A	B	C	D	E	F	G	H	I	J	K	L	M	출석	계(%)
	20		30									30		20	100

A. 포트폴리오 B. 문제해결 시나리오 C. 서술형 시험 D. 논술형 시험
E. 사례연구 F. 평가자 질문 G. 평가자 체크리스트 H. 피평가자 체크리스트
I. 일지/저널 · 역할연기 K. 구두발표 L. 작업장평가 M. 기타

능력단위 명칭〈코드〉	단원명 (능력단위 요소명)	수행준거 (평가내용)
헤어컬러 분석	블리치 레벨 차트 만들기	• 블리치 명도에 따라 2제의 농도(%)를 선택하여 배합할 수 있다. • 헤어 스와치에 블리치 제품을 도포할 수 있다. • 블리치 명도에 따라 처리시간을 결정하고 가온기를 사용할 수 있다. • 블리치 명도에 따라 10레벨의 블리치 레벨차트를 만들 수 있다. • 고객의 모발 색과 희망색의 명도(레벨)를 분석하여 고객염색차트를 작성할 수 있다.
	헤어컬러 색상환 만들기	• 헤어 스와치에 반영구 염모제 1차색을 도포할 수 있다. • 헤어 스와치에 반영구 염모제를 혼합하여 2차색과 3차색을 도포할 수 있다. • 헤어 스와치에 반영구염모제와 영구염모제의 한색과 난색을 도포할 수 있다. • 처리 후 세척하여 헤어컬러 색상환(헤어컬러차트)을 만들 수 있다. • 고객의 희망색을 분석하여 염모제를 선택하고 고객염색차트를 작성할 수 있다.
	헤어컬러 보색 중화하기	• 헤어컬러 스와치의 염색색상을 중화하는 염모제색을 결정할 수 있다. • 염모제를 도포하고 처리시간을 결정할 수 있다. • 보색의 중화결과인 갈색을 확인할 수 있다. • 헤어컬러 스와치를 세척하여 보색 중화차트를 만들 수 있다. • 고객의 염색색상을 분석하고 보색염모제를 선택하여 고객염색차트를 작성할 수 있다.

능력단위 명칭〈코드〉	단원명 (능력단위 요소명)	수행준거 (평가내용)
베이직 헤어컬러 〈1201010125_21v6〉	베이직 헤어컬러 준비하기 〈1201010125_21v6.1〉	1.1 고객 상담을 위해 블리치 레벨 차트와 컬러 차트를 만들 수 있다. 1.2 고객의 의복, 피부 등에 염모제가 묻지 않도록 가운, 어깨보 등의 착용을 안내할 수 있다. 1.3 염모제를 사용하여 고객에게 패치테스트 및 스트랜드 테스트를 할 수 있다. 1.4 염모제를 사용하여 고객에게 패치테스트 및 스트랜드 테스트를 할 수 있다. 1.5 헤어컬러를 결정하는 염모제를 선택할 수 있다. 1.6 염모제 사용법을 파악하여 필요량을 덜어 놓는 등 사전 작업을 할 수 있다.
	베이직 헤어컬러 실행하기 〈1201010125_21v6.2〉	2.1 염모제 사용법을 파악하여 필요량을 덜어 놓는 등 사전 작업을 할 수 있다. 2.2 고객의 두피와 의복 등에 염모제가 묻지 않도록 정해진 시간 내에 도포할 수 있다. 2.3 염모제 도포 후 처리 방법과 시간을 결정할 수 있다. 2.4 염모제의 발색 촉진을 위해 가온기나 음이온기기 등의 사용여부를 결정할 수 있다. 2.5 염모제의 발색을 확인하기 위해 컬러 테스트를 할 수 있다. 2.6 원하는 정도의 발색이 확인되면 고객을 안전하게 샴푸실로 안내할 수 있다.
	베이직 헤어컬러 마무리하기 〈1201010125_21v6.3〉	3.1 두피와 모발에 도포된 염모제를 제거하기 위해 에멀전 샴푸를 할 수 있다. 3.2 샴푸로 염모제가 완전히 제거된 모발에 트리트먼트제를 사용할 수 있다. 3.3 트리트먼트제를 충분히 헹구어 낸 후 물기를 제거하고 고객을 시술대로 안내할 수 있다. 3.4 타월 드라이 및 핸드 드라이 기법으로 모발을 건조할 수 있 다. 3.5 고객이 원하는 스타일로 마무리한 후 주변을 정리 정돈할 수 있다.

능력단위 명칭〈코드〉	단원명 (능력단위 요소명)	수행준거 (평가내용)
그레이 헤어컬러 〈1201010126_21v5〉	그레이 헤어컬러 준비하기 〈1201010126_21v5.1〉	1.1 고객의 의복, 피부 등에 염모제가 묻지 않도록 가운, 어깨보 등의 착용을 안내할 수 있다. 1.2 두피 및 모발 상태에 따른 전처리 제품과 도구 및 재료를 준비할 수 있다. 1.3 그레이 헤어컬러에 대한 부작용을 확인하기 위해 패치 테스트를 할 수 있다. 1.4 고객과의 상담 시 파악한 요구사항과 두상에 분포되어 있는 그레이 헤어의 비율을 기반으로 염모제를 선택할 수 있다. 1.5 선택한 염모제를 사용하여 그레이 헤어컬러 고객의 요구시항 에 따라 염모제와 도포 방법을 결정할 수 있다.
	그레이 헤어컬러 실행하기 〈1201010126_21v5.2〉	2.1 두피 및 모발 상태에 따라 선정된 전처리 제품을 도포할 수 있다. 2.2 그레이 헤어의 분포와 비율에 따라 염모제 도포 순서를 정하고 블로킹할 수 있다. 2.3 블로킹 되어 있는 모다발에 순서대로 염모제를 도포할 수 있다. 2.4 염모제 도포를 완료하고 랩핑 처리 후 처리시간과 가온기 등의 사용 여부를 결정할 수 있다. 2.5 처리 시간 후 컬러 테스트 결과에 따라 기염부와 연결을 위한 코밍 혹은 2차 도포를 할 수 있다. 2.6 원하는 컬러 수준으로 그레이 헤어가 커버가 되었을 경우 고객을 샴푸실로 안전하게 안내할 수 있다.
	그레이 헤어컬러 마무리하기 〈1201010126_21v5.3〉	3.1 에멀전을 진행하면서 헤어라인 및 피부에 묻은 염모제를 제거할 수 있다. 3.2 헤어컬러 전용 기능성 샴푸를 사용하여 두피 및 모발의 염모제를 제거할 수 있다. 3.3 염모제가 완전히 제거된 모발에 헤어 트리트먼트를 사용할 수 있다. 3.4 충분한 타월 드라이 후 고객을 시술대로 안전하게 안내할 수 있다. 3.5 충분한 타월 드라이 후 고객을 시술대로 안전하게 안내할 수 있다. 3.6 그레이 헤어가 자라는 형태에 대해 설명하고 재방문 시기에 대해 안내할 수 있다. 3.7 홈케어 방법에 대해 설명하고 헤어스타일을 마무리 할 수 있다. 3.8 그레이 헤어컬러 시술이 끝나고 사용한 도구 및 기기, 제품 등을 정리 정돈하여 보관한다.

능력단위 명칭〈코드〉	관련 지식 (K), 기술(S), 태도(A)		
헤어컬러 분석	블리치 레벨 차트 만들기	지식(K)	• 색채의 이해와 색상환에 관한 지식 • 탈색의 원리와 모발에 관한 지식 • 블리치 제품의 특징과 2제의 원리 • 염모제의 종류와 사용법에 관한 지식 • 블리치 제품의 작용과 온도에 관한 지식
		기술(S)	• 색의 명도와 채도를 분석하는 능력 • 블리치 제품을 선택하고 배합하는 기술 • 모발의 명도에 따라 처리시간을 결정하는 능력 • 모발의 명도에 따라 가온기를 사용하는 능력 • 10레벨의 블리치 명도를 만들 수 있는 기술 • 고객모발의 자연컬러를 분석하고 희망컬러를 상담하는 능력 • 고객의 염 · 탈색과정을 차트로 작성할 수 있는 능력
		태도(A)	• 블리치제를 안전하고 정확하게 사용하려는 노력 • 도포법에 따른 탈색결과를 확인하는 태도 • 자연처리와 가온기 적용시간을 준수하는 태도 • 주변을 정돈하고 도구를 청결하게 정리하는 자세 • 제품의 정량사용으로 자원낭비와 환경오염을 최소화하려는 노력
	헤어컬러 색상환 만들기	지식(K)	• 색채의 이해와 색상환에 관한 지식 • 염색과 탈색의 원리와 모발에 관한 지식 • 염모제의 종류와 사용법에 관한 지식 • 색의 혼합과 도포에 관한 지식 • 염모제의 사용과 가온에 관한 지식
		기술(S)	• 염모제의 종류를 구분하는 능력 • 염모제의 색상을 구분하고 도포하는 기술 • 염모제를 혼합하여 반사색을 만드는 기술 • 처리시간을 결정하고 가온기를 사용하는 능력 • 반영구 및 영구염모제의 헤어컬러 색상환을 만드는 능력 • 고객의 희망 색을 분석하여 정확한 염모제를 택하는 능력 • 고객의 염 · 탈색과정을 차트로 작성할 수 있는 능력

능력단위 명칭〈코드〉	관련 지식 (K), 기술(S), 태도(A)	
		태도(A)	• 염모제를 안전하고 정확하게 사용하려는 노력 • 자연처리와 가온기 적용시간을 준수하는 태도 • 주변을 정돈하고 도구를 청결하게 정리하는 자세 • 색의 혼합과 도포법에 따른 염색결과를 확인하는 태도 • 제품의 정량사용으로 자원낭비와 환경오염을 최소화하려는 노력
	헤어컬러 보색 중화하기	지식(K)	• 색채와 보색에 관한 지식 • 색의 혼합과 도포에 관한 지식 • 보색을 혼합하여 무채색을 만드는 원리 • 염모제의 사용과 가온에 관한 지식
		기술(S)	• 헤어컬러를 중화하는 보색 선택 능력 • 염모제의 색상을 선택하고 도포하는 기술 • 보색을 이용해서 모발색상을 중화하는 기술 • 염모제를 도포하고 처리시간을 결정하는 능력 • 보색의 중화결과인 갈색을 확인하고 마무리하는 능력 • 염색 색상의 중화를 위한 보색 염모제를 선택하는 능력
		태도(A)	• 고객의 염 · 탈색과정을 차트로 작성할 수 있는 능력 • 염모제를 안전하고 정확하게 사용하려는 노력 • 자연처리와 가온기 적용시간을 준수하는 태도 • 주변을 정돈하고 도구를 청결하게 정리하는 자세 • 색의 도포법에 따른 염색결과를 확인하는 태도 • 제품의 정량사용으로 자원낭비와 환경오염을 최소화하려는 노력

능력단위 명칭〈코드〉	관련 지식 (K), 기술(S), 태도(A)		
베이직 헤어컬러 〈1201010125_21v6〉	베이직 헤어컬러 준비하기 〈1201010125_21v6.1〉	지식(K)	• 블리치 레벨 차트 및 컬러 차트 제작 방법 • 전처리 제품에 관한 지식 • 패치테스트 방법 • 스트랜드 테스트 방법 • 색채의 이해와 색상환에 관한 지식 • 염모제의 종류와 사용법에 관한 지식 • 탈색제의 특성과 사용법에 관한 지식 • 염색 · 탈색의 원리와 모발에 관한 지식 • 염모제 사용량에 관한 지식
		기술(S)	• 블리치 레벨 차트 및 컬러 차트 제작 능력 • 전처리 제품 사용 능력 • 패치테스트 기술 • 스트랜드 테스트 기술 • 염모제의 종류에 따라 적합한 사용을 할 수 있는 능력 • 모발 상태에 따른 적당량의 염모제 준비 능력
		태도(A)	• 블리치 레벨 차트 및 컬러 차트 제작 능력 • 전처리 제품 사용 능력 • 패치테스트 기술 • 스트랜드 테스트 기술 • 염모제의 종류에 따라 적합한 사용을 할 수 있는 능력 • 모발 상태에 따른 적당량의 염모제 준비 능력
	베이직 헤어컬러 실행하기 〈1201010125_21v6.2〉	지식(K)	• 원터치 및 투터치 등 도포 방법 • 가온기나 음이온기기 사용 방법 • 염모제 사용과 가온에 관한 지식 • 모발상태와 목적에 따른 처리시간에 관한 지식 • 컬러 테스트 방법
		기술(S)	• 원터치 및 투 터치 등 도포 테크닉 • 가온기나 음이온기기 사용 능력 • 염모제 종류별 사용 능력 • 염 · 탈색제품 발색 시간 적용 능력 • 염 · 탈색제품 종류를 구분하는 능력 • 컬러 테스트 스킬
		태도(A)	• 염 · 탈색제 처리시간을 준수하는 태도 • 염 · 탈색제의 정확한 도포를 위한 노력 • 신속하고 안전하게 서비스하려는 의지 • 도포방법에 따른 염색 및 탈색 결과를 확인하는 태도

<table>
<tr><th>능력단위
명칭<코드></th><th colspan="3">관련 지식 (K), 기술(S), 태도(A)</th></tr>
<tr><td rowspan="4"></td><td></td><td></td><td>• 염 · 탈색제를 안전하고 정확하게 사용하려는 노력
• 자연처리와 가온기 적용시간을 준수하는 태도
• 색의 혼합과 도포법에 따른 염색결과를 확인하는 태도
• 제품의 정량사용으로 자원 낭비와 환경오염을 최소화하려는 노력</td></tr>
<tr><td rowspan="3">베이직
헤어컬러
마무리하기
<1201010125
_21v6.3></td><td>지식(K)</td><td>• 염 · 탈색제품 및 목적별 마무리 샴푸 방법
• 염모제 공용 리무버 사용에 관한 지식
• 염모제 공용 리무버 사용에 관한 지식</td></tr>
<tr><td>기술(S)</td><td>• 염 · 탈색제품 및 사용 목적별 마무리 샴푸 능력
• 염모제 공용 리무버 사용 능력
• 타월 드라이 및 핸드 드라이 방법의 모발 건조 능력</td></tr>
<tr><td>태도(A)</td><td>• 고객 만족을 위해 최선을 다하는 노력
• 피부에 묻은 염 · 탈색제를 깨끗하게 제거하는 자세
• 주변을 정돈하고 도구를 청결하게 정리하는 자세</td></tr>
</table>

능력단위 명칭〈코드〉	관련 지식 (K), 기술(S), 태도(A)		
그레이 헤어컬러 〈1201010126 _21v5〉	그레이 헤어컬러 준비하기 〈1201010126_ _21v5.1〉	지식(K)	• 두피 및 모발상태에 따른 전처리 제품에 관한 지식 • 그레이 헤어 비율에 따른 염모제 선정 및 혼합 방법 • 그레이 헤어 비율 및 분포에 따른 염모제 도포 방법 • 그레이 헤어 커버 목적 파악을 위한 상담 방법
		기술(S)	• 두피 및 모발상태에 따른 전처리 제품 사용 능력 • 그레이 헤어 비율에 따른 염모제 선정 및 혼합 능력 • 그레이 헤어 비율 및 분포에 따른 염모제 도포 능력 • 그레이 헤어 커버의 목적 파악을 위한 상담 능력 • 고객과의 커뮤니케이션 능력
		태도(A)	• 신속하고 안전하게 서비스하는 태도 • 고객의 요구를 이해하기위해 노력하는 자세 • 고객의 두피, 그레이 헤어 상태에 적합한 전처리제 및 염모제를 • 선택하려는 노력 • 고객의 그레이 헤어커버 목적에 적합한 염모제를 선택하려는 태도 • 고객의 요구사항에 기반 한 그레이 헤어 커버를 위해 노력하는 자세
	그레이 헤어컬러 실행하기 〈1201010126_ _21v5.2〉	지식(K)	• 그레이 헤어 분포 및 비율에 따른 염모제 도포 방법 • 그레이 헤어용 염모제 처리시간에 관한 지식 • 그레이 헤어 커버에 적합한 블로킹 방법에 관한 지식 • 그레이 헤어 커버용 염모제에 효과적인 도포 방법에 관한 지식 • 그레이 헤어 커버용 염모제 촉진을 위한 가온기 및 음이온기기 사용방법 • 그레이 헤어 커버 컬러 테스트 방법 • 기염부와의 연결을 위한 코밍 및 2차 도포 방법
		기술(S)	• 그레이 헤어 분포 및 비율에 따른 염모제 도포 능력 • 그레이 헤어 염모제 처리시간 결정 능력 • 그레이 헤어 커버에 적합한 블로킹 능력

능력단위 명칭〈코드〉	관련 지식 (K), 기술(S), 태도(A)		
			• 그레이 헤어 커버용 염모제에 효과적인 도포 기술 • 그레이 헤어 커버용 염모제 촉진을 위한 가온기 및 음이온기기 사용능력 • 그레이 헤어 커버 컬러 테스트 능력 • 기염부와 연결을 위한 코밍 및 2차 도포 능력
		태도(A)	• 정확한 도포를 위한 노력 • 염모제 처리시간을 준수하는 태도 • 도포법에 따른 염색결과를 확인하는 태도 • 신속하고 안전하게 서비스하는 태도 • 고객의 요구를 이해하기 위해 노력하는 자세 • 고객 만족을 위해 노력하는 자세
	그레이 헤어컬러 마무리하기 〈1201010126_ _21v5.3〉	지식(K)	• 염색 전후 화학적 처리에 관한 지식 • 그레이 헤어컬러용 기능성 샴푸제에 관한 지식 • 도포방법별 그레이 헤어 성장 패턴에 대한 지식 • 그레이 헤어컬러 홈케어에 대한 지식
		기술(S)	• 염색 전후 중간의 화학적 처리 능력 • 그레이 헤어컬러 기능성 샴푸 사용 기술 • 그레이 헤어컬러 성장패턴에 관한 설명 능력
		태도(A)	• 신속하고 안전하게 서비스하려는 자세 • 도포 방법에 따른 염색결과를 확인하는 태도 • 고객의 만족을 위해 노력하는 자세 • 피부에 묻은 염모제를 깨끗하게 제거하는 자세 • 주변을 정돈하고 청결하게 도구를 정리하는 자세

3. 주차별 강의계획서

주차	학습내용 (단원명)		수업(수행)목표	수업 방식	수업 매체 및 자료	평가
1	베이직 헤어컬러링 이론		• 염색을 이해하기 위한 모발이론, 염색의 역사, 염 · 탈색 이론, 염색도구에 대해 알 수 있다. • 빛과 색, 모발의 색소, 색의 기본 구성, 색의 3속성, 색의 혼합에 대해 이해할 수 있다.	강의	교재	
2	탈색실습	블리치 레벨 차트 만들기	헤어스와치에 시술 시간과 시술 횟수에 따른 블리치 레벨을 수행할 수 있다.	강의, 실습	교재	
3		산화제 농도에 따른 차트 만들기	헤어스와치에 3%, 6%, 9%의 산화제에 따른 농도별 변화를 수행할 수 있다.	강의, 실습	교재	
4		탈색제 비율에 따른 차트 만들기	헤어스와치에 탈색제의 비율에 따른 모발의 탈색력 변화를 수행할 수 있다.	강의, 실습	교재	
5	반영구염모제실습	헤어컬러 색상환 만들기	헤어 스와치에 1차색과 2차색 그리고 3차색을 도포하여 헤어컬러 차트를 수행할 수 있다.	강의, 실습	교재	
6		명도별 한색과 난색 컬러 차트 만들기	각기 다른 명도의 헤어 스와치에 동일 색상인 한색과 난색을 도포하여 그 변화를 차트로 수행할 수 있다.	강의, 실습	교재	
7		보색중화 차트 만들기	보색의 의미를 알고 보색을 사용하여 원하지 않는 색을 중화하는 방법을 익히고 그 결과를 헤어 스와치에 수행할 수 있다.	강의, 실습	교재	
8		컬러체인지 차트 만들기	원래의 컬러 색상을 다른 컬러로 바꾸로 싶을 때 컬러를 제거하고 원하는 색상을 표현할 수 있으며 그 결과를 헤어스와치에 수행할 수 있다.	강의, 실습	교재	1차 (서술형 시험)

주차	학습내용 (단원명)		수업(수행)목표	수업 방식	수업 매체 및 자료	평가
9	영구염모제실습	명도별 차트 만들기 (A, L, O, W사)	명도 3레벨 헤어스와치에 영구염모제를 도포하여 명도별 헤어차트를 수행할 수 있다.	강의, 실습	교재	
10		명도별 한색과 난색 차트 만들기 (A, L, O, W사)	각기 다른 명도 헤어스와치에 동일색상 영구 염모제인 한색과 난색을 도포하여 그 결과를 차트로 수행할 수 있다.	강의, 실습	교재	
11		컬러체인지 차트 만들기 (스와치/인모)	원래의 제거하고 원하는 색상으로 염색하고자 할 때 원하는 색상이 표현되는 명도를 찾을 수 있으며 그 결과를 헤어스와치에 수행할 수 있다.	강의, 실습	교재	
12		백모(흰머리) 염색 차트 만들기 (A, L, O, W사)/ 컬러체인지 (블랙빼기) 차트 만들기	• 백모(흰머리) 스와치에 각기 다른 명도의 염모제를 도포하여 흰머리가 가장 알맞게 커버되는 명도를 찾을 수 있다. • 블랙 염색이 되어있는 헤어스와치에 탈색으로 컬러를 제거할 수 있으며 그 결과를 헤어스와치에 수행할 수 있다.	강의, 실습	교재	
13	헤어컬러도포방법	원터치 도포 실습 (가발/모델)	가발과 모델에게 염모제를 원터치로 도포하여 모발의 색을 변화시킬 수 있으며 그 결과를 수행할 수 있다.	강의, 실습	교재	
14		투터치 도포 실습 (가발/모델)	가발과 모델에게 염모제를 투 터치로 도포하여 모발의 색을 변화시킬 수 있으며 그 결과를 수행할 수 있다.	강의, 실습	교재	3차 (포트 폴리오)
15		쓰리터치 도포 실습 (가발/모델)	가발과 모델에게 염모제를 쓰리터치로 도포하여 모발의 색을 변화시킬 수 있으며 그 결과를 수행할 수 있다.	강의, 실습	교재	2차 (평가자 체크리스트)

Chapter 2

모발과 염색

1주 베이직 헤어컬러링 이론

Chapter 2 모발과 염색

1st week

베이직 헤어컬러링 이론

학습내용(단원명)	수업 목표
베이직 헤어컬러링 이론	• 염색을 이해하기 위한 모발 이론, 염색의 역사, 염 · 탈색 이론, 염색도구에 대해 알 수 있다. • 빛과 색, 모발의 색소, 색의 기본구성, 색의 3속성, 색의 혼합에 대해 알 수 있다.

1. 모발이론

1. 염색의 역사[1)2)3)4)]

(1) 고대

동양은 고려 시대부터 모발염색이 시작되었으며, 서양은 고대 이집트 시대인 BC. 1500년경부터 천연 식물인 헤나(Henna)를 이용하여 머리를 염색했다고 한다.

고대 이집트에는 흰머리 커버를 위한 염색으로 '거북이의 등껍질과 검은 암소의 피 그리고 새의 목 부분을 기름에 익힌 것'을 사용하였고, 모발염색을 위해 올챙이를 말려서 기름에 넣고 빻은 것, 새끼사슴의 뿔을 기름에 태운 것, 게의 담즙, 고양이 자궁과 새의 알을 함께 기름에 태운 것 등을 사용했다. 그리고 눈썹을 염색하기 위해서 여러 가지 방법이 이용되기도 했다. 특히 식물성 염료의 사용법도 알고 있었다.

(2) 중세 시대

중세 시대 초기에는 종교적인 이유로 화장, 머리 장식, 목걸이, 귀걸이 등 액세서리 사용조차 금기시되었지만, 중세 중기부터는 많은 여인이 얼굴에 화장을 하고, 머리를 염색하였다. 당시의 머리 모양은 화장기법 변화보다 더 빨리 변화하였다.

초기 프랑크 법에 따르면 여성들이 머리카락을 자른다는 것은 중대사였다.

앵글로색슨족은 남녀 모두가 푸른색으로 염색을 하였다. 그리고 아프리카 펠라타족 여인들은 헤나 잎으로 손과 발가락을 감싸서 물들였으며, 인디고로 머리카락을 염색한 후 노란색, 자주색, 푸른색으로 치아를 물들였다.

(3) 근세

① 이탈리아 르네상스 시대

1948년 이탈리아의 수도사이자 문인이던 휘렌주올라(Firenzuola)는 '여성의 아름다움에 관한 대화'라는 책에서 르네상스 시대의 이상적인 미인에 대해 상당히 자세하게 묘사하고 있다.

모발은 꿀벌과 같이 금빛으로 가는 금발이며, 태양의 빛나는 빛과 번쩍임같이 물결치고, 풍부한 숱을 지녀야 한다고 기록되어 있다.

베니스 여인들은 어두운 머리카락을 밝게 만들기 위해 모발에 부식성 용액을 바른 후 테두리만 있는 모자를 쓰고 햇볕에 3~4시간 앉아 기다리면서 모발을 밝게 만들었다.

② 엘리자베스 여왕 시대

1602년 휴 플랫(Hugh plat)은 독자들에게 '삼십 분 만에 머리카락이나 수염을 밤나무 색으로 염색하는 법'을 지도했다. 그 책에는 "황과 함께 구워서 가루로 만든 납과 생석회를 같은 분량으로 물에 섞어서 묽게 희석 한 후 이것을 머리털이나 수염에 바르고 잘 문지른 후 15분 정도 마르도록 두시오. 그리고 깨끗한 물로 여러 번 씻고 마지막으로 비누와 물로 헹구시오. 그러면 매우 자연스러운 색이 나타날 것입니다."라고 되어 있다.

16세기에는 은을 모발염색에 사용하였고, 이것은 은이 햇빛에 노출되었을 때 산화되어 색상이 검게 변하는 화학반응의 원리를 이용한 것이다.

③ 17세기

1670~1685년 사이에는 넓고 토실토실한 얼굴이 유행했고, 둥그스름한 붉은 입술에 큰 눈, 짙은 눈썹과 짙은 머리카락 색, 그리고 이중턱을 한 얼굴이 인기였다. 17세기 남성들은 금발 머리 여인이나 빨간 머리 여성을 그다지 좋아하지 않아서 검은색 또는 밤색 머리에 어울리는 피부색을 갖춘 사람을 찾았다고 한다.

영국의 수많은 여성은 여왕 엘리자베스 2세를 존경하는 의미에서 루바브(Rhubarb)를 이용하여 린스 형태로 만든 황산암모늄 용액에 모발을 담가 붉은색으로 염색하였다.

④ 18세기 <u>로코코</u>

18세기에는 머리 위로 천이나 리본을 3단에서 4단으로 쌓아 올렸으며 진짜 머리카락과 천을 구분하기 어렵도록 색깔 있는 헤어 파우더를 많이 사용하였다. 이 시대에는 가발의 착용이 일반화되었는데 가발을 다양한 색으로 표현하기 위해 여러 가지 색을 내는 파우더를 이용하기도 하였다. 1789년에는 헤어 파우더를 만들기 위해 분말 2억 4,000파운드가 사용되었다고 한다.

⑤ 19세기

천연재료가 아닌 합성 염모제 개발로 염색과 탈색의 획기적인 발전이 이루어졌다. 1818년 쟈크 테나르(Louis Jacques Thenard)는 과산화수소가 소독 외에 탈색작용이 있음을 밝혔다. 1863년 화장품 회사인 프랑스의 모네사가 백색염모물질인 파라페닐렌디아민(PPD)을 발견해 1883년 염모제로 사용 허가를 받았다. 이 염색제는 물과 알코올에 쉽게 녹고 산화되며 모발에 매우 자연스러운 색상을 만들어 냈다.

1931년 미국에서는 여성의 75%가 염색을 하였다. 1980년대 들어 보색기술과 하이라이트 기술이 발달하면서 다양한 색의 헤어컬러가 유행하였고, 염색의 대중화 시대를 열었다. 오늘날에는 눈동자와 피부색, 의상 등과 조화를 이루며 개인의 개성 표현이 가능한 모발염색이 강조되고 있다.

⑥ 20세기

1920년대부터는 본격적으로 다양한 색상의 염색제가 등장하였으며, 20세기에는 금발, 짙은 색, 백발 등의 다양한 색상이 유행하였다.

1931년 미국에서는 미국 여성의 75%가 염색을 했을 정도로 염색이 성행하였고 1940년대에는 블리치와 일시적 염모제 사용이 일반화되었다.

1980년대에 들어 보색기술과 하이라이트 기술이 발달하면서 다양한 컬러의 헤어스타일이 유행하게 되었다.

2. 모발의 이해

(1) 모발의 발생 5)

모발의 발생은 모태에서 시작되며 태아의 피부 표면에 생긴 모모세포는 피부 내에 깊숙이 침투하여 모낭이 형성되고, 모낭의 최하부에는 모세혈관과 자율신경이 닿아 있는 모유두가 형성된다. 이곳에서 모세혈관으로부터 아미노산을 공급받아 자율신경의 작업명령을 받은 단백질 합성요소의 역할로 케라틴 단백질을 만든다. 케라틴 단백질이 커지면서 모모세포는 성장해서 분열을 시작하고 위로 각화 과정을 통해 밀려 올라가 모발을 형성하게 된다.

모발이 갖게 되는 형태나 특성은 모태에서 이미 결정되며, 출생 후에는 일정한 수의 모낭을 갖게 되는데 임신 3개월된 태아의 몸에 만들어지기 시작하여 6개월이 되면 완성된다.

(2) 모발의 기능

모발은 피부각질층과 유사한 케라틴으로 구성되어 있으며, 시스테인 함량이 14~18%로 많아 딱딱한 형태를 띠고 있다.

모발의 수는 약 7만개에서 14만개 정도로 한달에 보통 1cm 정도로 자라난다. 모발은 약산성(pH4.5~5.5) 일 때 건강한 상태라고 할 수 있으며, 보호기능, 배출기능, 감각기능, 장식기능을 가지고 있다.

① 보호기능

모발은 물리적 마찰과 자외선, 추위나 더위, 충격으로 부터 완충작용을 하여 두피를 보호 해준다.

② 배출기능

체내 중금속과 피지샘에서 분비된 피지의 분비를 외부로 배출 시키는 기능을 한다.

③ 감각기능

모발 자체에는 신경이 없지만 모근에 연결되어 있는 신경이 외부의 자극을 감지하여 반응을 한다.

④ 장식기능

개개인의 개성에 맞는 헤어스타일을 연출하여 아름다움을 표현하는 장식기능이 있다.

(3) 모발의 성장주기 [6)7)]

자연적으로 빠지는 모발의 수는 20~30대에는 하루에 약 90개 정도이지만 나이가 들어갈수록 탈모량이 증가하고 모발의 성장도 늦어지게 된다. 모발의 수는 인종별로 차이가 있으며 대략 9~14만 개 정도이고 정상인의 모발은 하루에 약 150개 미만으로 빠지고 새로 자란다.

모발은 한 가닥이 계속해서 자라는 것이 아니라, 각 모발 한 가닥마다 각기 성장기, 퇴행기(이행기), 휴기지(정지기, 중지기)라는 3단계의 일정한 시기를 거치면서 나고 또 빠진다. 이를 헤어사이클(hair cycle) 또는 모주기라고 하는데, 모발은 성장기에서만 계속 자라고 사람의 모발은 성장기, 퇴행기, 휴지기의 모발이 서로 엉겨 빼곡한 상태로 있는 것이다.

1) 성장기(Anagen stage)

모유두를 둘러싸고 있는 외피세표가 모기질 세포나 모근을 만든다. 이러한 세포들은 끊임없이 분열되면서 이전의 세포들을 형태가 결정될 분화구역으로 밀어 올린다. 모낭에서 위쪽으로 1/3쯤 밀어 올려지면서 각화된다. 모발은 평균 3년 정도 활발하게 성장한다. 평균적인 성장 속도는 한 달에 약 1~2cm이다. 전체 모낭의 85%는 성장기이다.

2) 퇴행기(Catagen stage)

활발한 성장이 끝나고 모낭에 큰 변화가 일어난다. 모발은 성장을 멈추고 모발을 만드는 모낭의 기저로부터 이탈한다. 모구가 찌그러져서 모낭이 줄어들며 외모근초 일부분이 모유두를 형성하는 세포들과 연결되어 있다. 이러한 변화는 대략 3주 정도 지속된다. 내모근초가 파괴되면서 모낭은 모양만 남게 된다. 평균적으로 모낭의 1%가 퇴행기이다.

3) 휴지기(Telogen stage)

모유듀와 연결된 채 남아 있던 모근초를 모아(Hair germ)라고 한다. 이 모아로부터 새로운 모발이 자라는데, 줄어든 모낭은 대략 3개월 정도 휴식을 취한다. 빗질하면 모발이 빠지고 성장기로의 준비를 한다. 보낭의 14% 정도가 휴지기에 해당하며 휴지기가 끝나면 성장기로 전환한다.

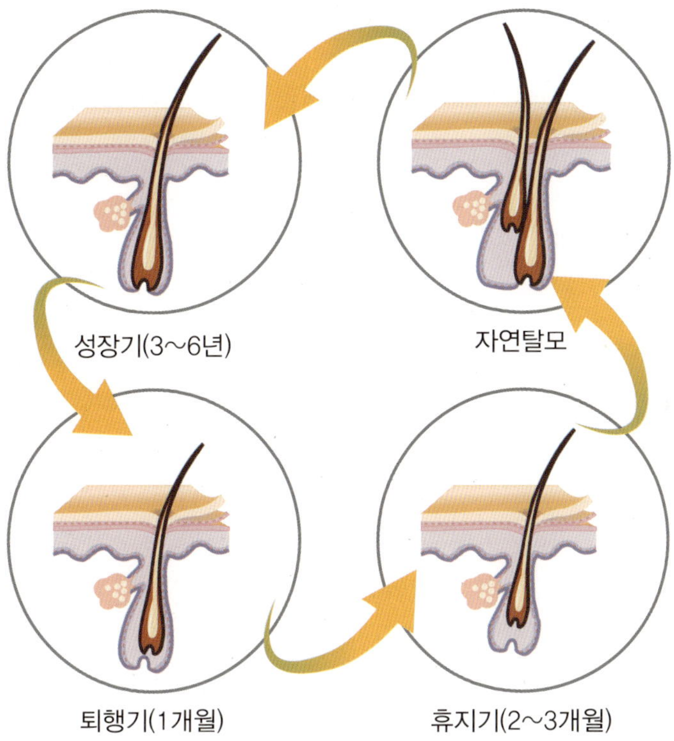

그림 2-1 모발의 성장주기

(4) 모근부의 구조 8)9)10)

모발은 손톱과 같이 피부 표면의 각질층이 변화하여 만들어진 것으로 두피 속의 모근부와 두피 표면에 나와 있는 모간부로 나누어진다.

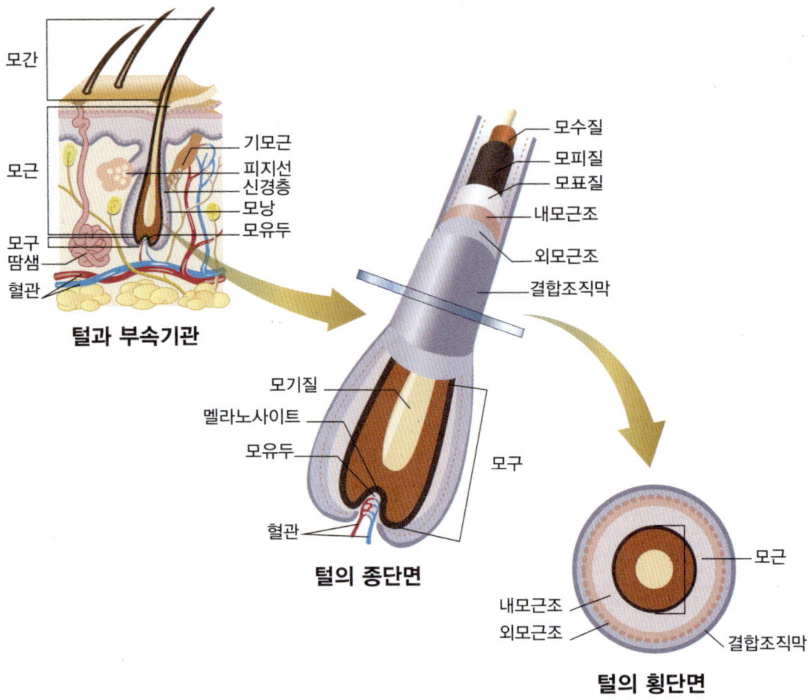

그림 2-2 모근부의 구조

1) 모낭(Hair follicle)

모낭은 모근부를 둘러싸고 있는 내 · 외층의 피막으로 된 주머니로서 피지선과 기모근이 부착되어 있다. 모낭은 몸 전체에 분포되어 있으며 손바닥과 발바닥에는 존재하지 않는다. 일반적으로 하나의 모낭에 하나의 모발이 달려 있으나 3개의 모발이 달린 경우도 있다. 이것은 모발의 밀도에 영향을 미친다.

2) 모구(Hair bulb)

모구는 모낭 하부의 상피세포가 부풀어서 모구를 형성하고, 모발과 내모근초가 성장하며, 모낭이 활성화된 경우에 모구는 커진다. 모구의 아랫부분은 오목하게 되어 있으며 오목하게 된 부분에는 진피 세포층에서 나온 모유두가 있다.

3) 모유두(Hair papilla)

모유두는 상피세포를 활성화할 뿐, 그 자체가 모발의 원천인 것은 아니다. 화학적 신호를 전달하여 모발을 증식시키므로 모유두는 모발의 성장에는 필수적이다. 신호가 전달되면 모기질 세포는 증식하고 모발과 내모근초를 생산한다. 표피의 기저층과 상동기관인 모기질 세포가 이런 것들을 생성한다. 또한, 모기질 세포에는 모발에 색상을 띠게 하는 멜라닌이 들어 있는 멜라노사이트(melanocyte)가 존재한다.

모구와 모유두의 크기는 제각각이며 퇴행기에 이르러 모유두가 쭈그러져 모구로부터 이탈함으로써 유두가 소멸하고 모발 성장이 멈추게 되는 것이다.

4) 모모세포(Hair mother cell)

모모세포는 모유두를 덮고 있는 세포층으로 끊임없는 세포 분열을 통해 모발 성장에 매우 중요한 역할을 하고 있으며, 여기서 모표피, 모피질, 모수질이 분류되어 성장한다.

5) 기모근(입모근, Arrector pili muscle)

모낭에 붙어 있으며 의지와 관계없이 반응하는 일종의 근육이다. 이는 표피 근처까지 연결된 근육으로 자신의 의지에 따라 움직일 수는 없으나 추위나 공포를 느끼면 자율적으로 수축하여 털을 세우는 작용을한다. 속눈썹이나 눈썹, 코, 뺨, 입술에는 기모근이 없다.

6) 피지선

죽은 세포가 용해되는 과정을 통해 피지가 분비되기 시작한다. 세포가 붕괴하면서 지질도 분해되어 무작위의 탄화수소 고리로 절단됨으로써 고약한 냄새를 갖게 되는데 이것이 피지이다. 피지선의 표면은 거품 모양이고 피지선 주변의 세포들도 핵이 있으며 살아 있다. 그러나 피지선의 중심 부위에서는 핵이 위축되고 조각나 있다.

피지선은 기름기를 방출하여 모발에 윤기를 주고 피부와 모발을 매끄럽게 하며 방수와 탈수 방지가 가능하게 한다. 지질이 붕괴하여 생기는 물질은 개인마다 다름으로써 냄새 또한 사람마다 각기 다르다. 피지선은 포유동물에서 완전 분비샘의 유일한 예이다.

7) 내·외모근초(Inner·Outer root sheath)

모근을 감싸고 있는 모낭과 모표피층 사이에 존재하는 세포층으로 내모근초는 다시 바깥쪽으로부터 헨레층, 헉슬리층, 초소피층으로 구분된다. 새롭게 만들어진 모발이 완전히 각화되어 밖으로 나오게 되면 이들 세포층도 비듬이 되어 소멸한다.

8) 색소 세포(Melacocytes)

모발의 색을 결정짓는 멜라닌 색소를 생성하는 색소형성 세포이다. 색소 세포가 색소 형성을 멈출 때 모낭에 있는 모발은 하얀색을 띠게 된다. 이것은 전문적으로 말하자면 '색깔이 없다(Colorless)'라고 하며, 흰머리의 의학 용어는 '회백색(Cavities)'이라고 한다.

(5) 모간부의 구조 [11)12)13)]

모발 대부분을 차지하고 있는 모간의 단면을 관찰하면 바깥층에서부터 모표피(cuticle), 모피질(cortex), 모수질(medulla) 등 3개의 층으로 구성되어 있다.

1) 모표피(cuticle)

모표피는 모발의 가장 바깥쪽의 딱딱한 케라틴(Keratin)층이다. 투명한 물고기 비늘 모양으로 여러 겹으로 겹쳐져서 모발 내부를 외부 자극으로부터 보호하는 역할을 하고 있다.

모표피는 대개 3~10개의 층으로 이루어져 있고 기름과의 친화력이 강한 친유성으로 물과 약제에 대한 저항력이 강하나 기계적인 자극에는 약한 편이다. 모발의 10~15%를 차지하고 구성 비율이 높을수록 모발은 단단하고 투명하며 마찰에 대한 강도도 높다. 곱슬머리 정도가 심한 아프리카인들의 모발은 직모인 유럽인의 모발보다 더 많은 표피층을 가지고 있으며 아시아인들 또한 유럽인보다 더 많은 표피층을 가지고 있다.

모표피가 생물학적으로 내부를 보호하는 역할을 하므로 화학적, 물리적, 환경적인 요인들에 의해서 형태학적으로 손상, 박리, 탈락하게 되면 모피질에 손상을 주고 결국 모발 전체의 손상(Damage)을 가져오게 된다. 또한, 모표피는 바깥에서부터 에피큐티클(Epicuticle), 엑소큐티클(Exocuticle), 엔도큐티클(Endocuticle)의 세 층으로 나누어진다.

① 에피큐티클(Epicuticle)

30% 이상의 높은 시스틴을 함유하고 있으며, 약품에 대한 저항이 가장 강한 층으로 딱딱하기 때문에 물리적인 작용(기계적인 작용)에 약하다.

② 엑소큐티클(Exocuticle)

시스틴 함량이 많으나 퍼머넌트 환원제(퍼머넌트 1제)와 같은 시스틴 결합을 끊는 약품에는 취약하다. 단백질 용해성 약품에 대한 저항성이 강하다.

③ 엔도큐티클(Endocuticle)

시스틴 함량이 적고 단백질 용해성 약품에 약하다. 모발을 잡아당기면 엔도큐티클이 갈라지거나 파열된다.

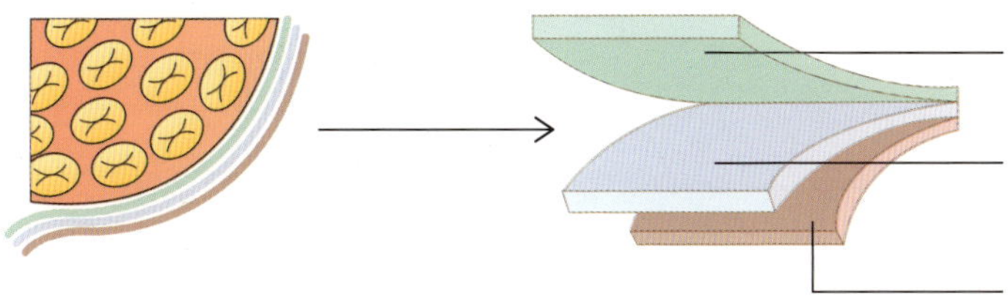

그림 2-3 모표피의 미세구조

2) 모피질(Cortex)

모피질(Cortex)은 수백 개의 마이크로피브릴(micro fibril)로 구성된 수십 개의 매크로피브릴(macro fibril)로 이루어져 있다.

모발구성 대부분인 85~90%를 차지하고 있으며, 피질세포(결정영역)와 세포결합물질(비결정 영역, 기질)로 되어 있다. 멜라닌(melanin) 색소가 존재하며 아미노산의 다중 결합인 폴리펩티드(polypeptide) 구조를 가지고 있다. 친수성이며 모발의 화학적 작용이 일어나는 곳이다.

① 간층물질(Matrix)

간층물질은 섬유상 세포 가닥들 중간의 빈 곳 및 틈새에 채워진 물질로, 섬유상 세포들을 보다 견고하게 결합할 수 있도록 만든다. 주성분은 케라틴(Keratin)이며 섬유를 연결하고 있는 시멘트 역할을 하는 것이다. 건강한 모발의 피질 내부에 차 있으며, 모발에 적절한 수분을 유지하고, 부드럽고 탄력이 있는 모발을 만들어 준다. 또한, 화학적 시술 시 퍼머넌트 웨이브를 유지해 주며, 염색 시 염료를 고착시켜 주는 역할을 한다.

화학적 시술로 인해 간층물질이 빠져 나가면 모발은 손상을 입게 되는데 모발의 주성분과 같은 아미노산 성분으로 만들어진 모발 보수제를 통해 손상된 모발에 부족한 간층물질을 보급하여 모발을 자연스럽고 건강하게 회복시켜 준다.

② 피질세포(Cortical cell)

• 피질세포

피질세포는 소량의 멜라닌 색소를 함유하고 중앙에 핵의 잔사가 존재하며 매크로피브릴과 간층물질로 구성되어 있다.

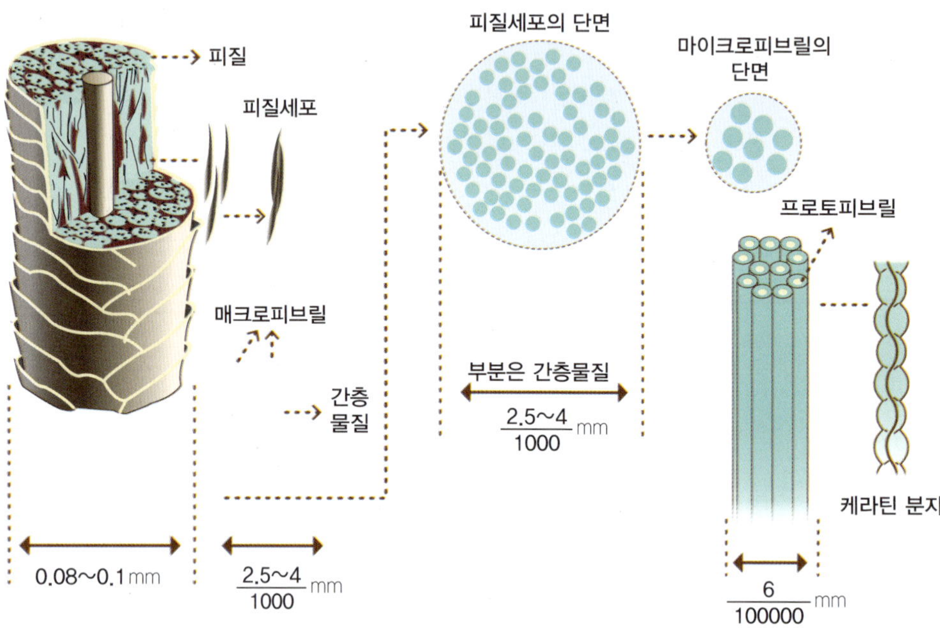

그림 2-4 피질의 미세구조

• 매크로피브릴(Macro fibril)

세포가 장축 방향으로 연결되어 있고 그 사이사이는 간층물질에 의해 붙어 있다. 이것은 다시 작은 마이크로피브릴과 간층물질로 구성되어 있다.

• 마이크로피브릴(Micro fibril)

프로토피브릴 11본으로 구성되어 있으며 배열은 여러 가지 배열 양식이 있으나 피질 내의 부위에 따라서 일률적이지 않다.

• 프로토피브릴(Proto fibril)

프로토피브릴은 실과 같은 것이 새끼줄이 꼬이듯이 결합하여 있는 구조이다.

3) 모수질(Medulla)

모발의 중심부에 있는 모수질은 공동으로 가득 찬 벌집 모양의 다각형 세포가 종방향으로 나열되어 있으며 모발 전체에서 가장 적은 비율을 차지한다. 시스틴 함량은 모피질보다 적으며 멜라닌 색소를 포함하기도 한다. 모발에 따라서 연필심과 같이 일정하게 연결된 것도 있고 중간에 듬성듬성 절단된 것도 있으며 아무것도 없는 것도 있다.

지름 0.009mm 이상 굵은 모발은 수질이 있고 지름 0.007mm 정도의 가는 모발은 수질이 거의 없는 것으로 보이며 10개 중 3개 정도는 모수질이 있으며 솜털에는 모수질이 없다. 일반적으로 모수질이 많은 모발은 공기층이 약액의 흡수를 도와서 퍼머넌트 웨이브가 강하게 나오고 모수질이 적은 모발은 퍼머넌트 웨이브 형성이 어렵다.

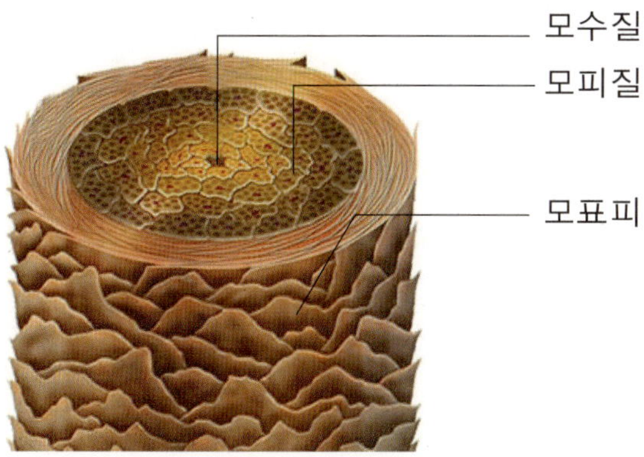

그림 2-5 모발의 구조

(6) 모발의 구성성분 [14)15)16)]

모발은 케라틴(Keratin)이라는 경단백질이 주성분(80~90%)이다. 인체 케라틴은 부위별로 경연도 차이가 있는데, 피부 표면은 부드러운 연케라틴으로 이루어져 있고 손톱과 발톱 등은 딱딱한 경케라틴으로 이루어져 있다. 모발은 단백질 이외에 수분 (10~15%), 지질(1~8%), 색소(3%), 미량원소 (0.6~1.0%)로 구성되어 있다.

1) 단백질(Keratin)

모발 단백질은 아미노산(amino acid)으로 구성되어 있다. 모발을 구성하는 아미노산을 18가지 종류이며, 모발 구성 아미노산 구성 원소 탄소(C, 50%), 수소(H, 6%), 산소(O, 22%), 질소(N, 17%), 황(S, 5%) 5가지이다. 5가지 원소로 구성되는 모발 18가지 종류의 아미노산 중 가장 많은 비중을 차지하는 것은 시스틴(Cystine)이며, 약 14~18%를 차지한다.

2) 지질(피지)

모발 지질은 피지선에서 분비된 피지와 피질 세포가 가진 지질에서 기인한다. 피지의 분비량과 조성은 나이, 성별, 인종, 호르몬 등의 내부요인과 온도, 마찰 등의 외부요인의 영향을 받아 개인에 따라 그 차가 크다. 지질은 모발 구성성분 중 1~8%를 차지하고 있으며, 이는 땀과 혼합되어 W/O형의 유액상이 되어 두피와 모발 표면에 넓고 얇은 산성 막을 형성하여 외부자극으로부터 보호 역할을 한다.

3) 미량원소(Trace element)

모발을 태워 남은 성분을 바탕으로 구성 물질을 추정해 보면 케라틴이라는 단백질의 기본원소인 탄소(C), 수소(H), 산소(O), 질소(N), 황(S) 외에 모발 색에 어떠한 역할을 하는 것으로 추정되는 다양한 금속 성분들이 남은 재에서 검출된다.

미량원소 중 많은 비중을 차지하는 것은 모발 세정 용품, 모발 화장품, 헤어스타일링 제품 성분이나 땀, 대기오염물질이 모발 섬유조직에 포함된 것으로 칼슘, 카드뮴, 크롬, 구리, 수은, 아연, 납, 철, 비소, 규소 등이다. 이 중 칼슘, 마그네슘, 나트륨, 칼륨 등은 모발용 화장품과 수돗물에 통상 함유된 성분이다.

하지만 이런 미량원소의 출처가 외부에서의 흡착에 의한 것인지, 체내에서의 축적에 의한 것인지, 모모세포의 분열증식 과정에서의 불가분 성분으로 모발에 필연적으로 존재하는 것인지 엄밀하게 구별하기는 어렵다.

모발에는 어떤 특정 원소의 잔류 축적량이 다른 인체 기관보다 많으므로 해로운 금속의 체내 축적량을 조사하는 방법으로 이용되기도 한다.

4) 수분(Water)

모발 중 수분은 유연성, 광택, 통풍, 강도, 정전기 정도 등 모발의 기계적인 성질과 미용상의 특성에 영향을 준다. 하지만 모발이 손상되면 정상모발에 비해 수분 흡수량은 늘지만, 유지력이 약화하여 약화하여 결과적으로 모발 내 수분량이 줄어들고 건조성 모발이 되는 악순환이 계속되게 된다.

온도 25℃이고 습도 65%인 표준상태에서 정상 모발의 수분함유량은 10~15% 정도이며, 일반적으로 샴푸 직후에는 30~50%, 블로우 드라이로 완전히 건조한 후에는 모발이 10% 정도의 수분을 함유한다.

5) 색소

모발과 피부, 그리고 육안 내의 색소는 실제로 인종과 개인에 따라 그 정도의 차이가 모두 다르며, 주로 검은색 색소와 연관되며, 이는 멜라닌(melanin) 색소라고 한다.

멜라닌 색소는 피부의 표피 기저층에 존재하는 멜라노사이트 자외선에 의해 자극을 받아 생성되며, 이때 생성된 멜라닌 색소는 거의 표피를 따라 각질층에서 각질과 같이 탈락하고 일부는 피부 내로 흡수되어 소변으로 배출된다.

모발의 색은 모발 중에 함유된 멜라닌 크기와 양의 적음에 따라 그 색이 결정된다. 멜라닌이 크고 많으면 빛을 흡수하기 때문에 검은빛을 띠게 되고, 멜라닌이 거의 없으면 빛이 반사되어 흰빛을 띠게 한다.

멜라닌 양이 많은 순서로는 흑색〉갈색〉적색〉금발〉백발 순이다. 또 멜라닌 색소의 크기가 클수록 흑색이며, 작을수록 적색과 갈색에 가깝게 된다. 그래서 멜라닌 양이 적고 그 크기가 작을수록 황금색 모발과 청색 육안을 가지게 되고, 멜라닌 양이 많고 크기가 클수록 흑색 혹은 아주 어두운 갈색 모발과 육안을 가진다.

멜라닌 색소는 모구부의 모모세포 상부에 존재하는데, 이는 색소형성세포(melanocytes)에 의해 생성된다. 모발을 구성하는 아미노산인 티로신(tyrosine)은 산화효소인 티로시나아제에 의해 산화 중합되어 멜라닌 색소가 된다.

그림 2-6 멜라닌 색소의 합성

① 멜라닌 색소의 종류와 합성

멜라닌 색소의 종류로는 입자형 색소인 유멜라닌(eumelanin)과 분사형 색소인 페오멜라닌(pheomelanin)이 있다.

유멜라닌은 갈색이나 검은색 등과 같이 짙은 색으로 황인종이나 흑인종의 피부 및 모발에 많이 들어 있으며, 페오멜라닌은 노란색이나 붉은색으로 주로 서양인들의 피부 또는 모발에 많이 포함되어 있고 그 크기가 유멜라닌보다 작기 때문에 그 양도 많지 않으며 납작한 타원 형태이다.

유멜라닌은 비교적 크기가 크나 화학적으로 쉽게 파괴될 수 있고, 페오멜라닌은 비교적 크기는 작으나 화학적으로 안정된 구조를 하고 있어 탈색 시술 시 유멜라닌보다 나중에 파괴된다.

• 유멜라닌(Eumelanin, 입자형 색소) 합성

뇌하수체에서 색소세포 자극 호르몬이 분비되면 멜라노사이트에 있는 아미노산의 일종인 티로신(tyrosine)과 티로시나아제(tyrosinase)라는 효소에 의해 산화, 중합반응을 거쳐 도파(DOPA – dyhidroxy phenylalunine), 도파퀴논(DOPA – quinone), 또 도파크롬(DOPA – chrome)이 되는 자동 산화 과정을 거쳐 결국 멜라닌을 생성한다.

• 페오멜라닌(Pheomelanin, 분사형 색소) 합성

페오멜라닌도 유멜라닌처럼 처음에는 같은 작용으로 시작된다. 페오멜라닌 합성은 도파퀴논이 모발 구성 아미노산 중 하나인 시스테인과 결합하면서 생성되며 시스테인 함량이 적은 피부에는 페오멜라닌이 적고, 모발에는 비교적 많은 페오멜라닌이 존재한다.

페오멜라닌은 노란색이나 빨간색을 나타내는 색소로 주로 서양인들의 피부나 모발 색을 결정한다. 유멜라닌에 비해 밝은 색조를 담당하므로 모발의 밝은 색을 결정하며, 페오멜라닌이 많을수록 모발의 색은 밝아진다.

표 2-1 멜라닌의 비교

모발의 색	페오멜라닌(Pheomelanin)	유멜라닌(Eumelanin)
색상	적색에서 옅은 노란색 색소	검은색에서 적갈색까지의 색소
크기	멜라노솜 크기가 큼	멜라노솜 크기가 작음
인종	백인의 피부, 모발 색	흑인의 피부, 모발 색
합성	자외선이 필수	태양 없이 지속적인 합성
크기	작음	큼
모양	둥글거나 타원형 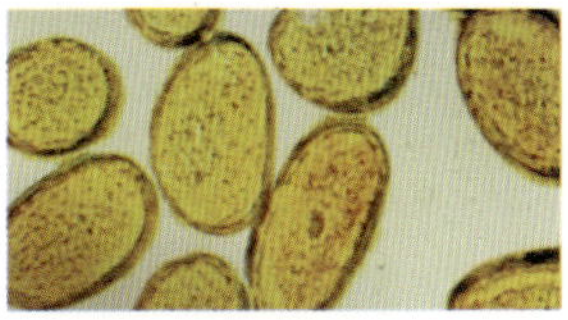	쌀 모양의 과립형 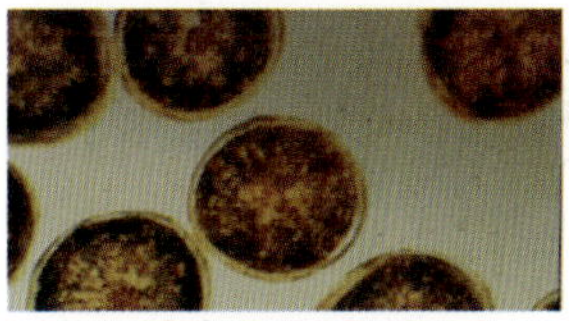
분포	유극층까지 분포	표피전층에 분포

② 백모의 원인

백모의 원인은 아직 명확하게 밝혀지지는 않았으나 모낭에서 멜라닌 생성 세포가 감소하거나 활성화되지 않는 것이 원인으로 추정되고 있다. 멜라닌 생성을 촉진하는 티로신이라는 효소의 감소나 이들의 기전에 문제가 일어날 수 있으며 멜라닌 생성이 정상적으로 이루어진다고 하더라도 피질 세포의 포식작용에 의한 멜라닌 과립의 이동에 문제가 발생할 수도 있다.

다른 한 가지는 노화 현상이다. 백모가 발생하는 곳은 측두부에서 시작하여 두정부에 나타나게 되고, 최후에는 후두부의 모발이 하얗게 변한다. 이는 유전적인 영향이 크며 과도한 스트레스와 정신적인 불안정이 원인이 되기도 한다.

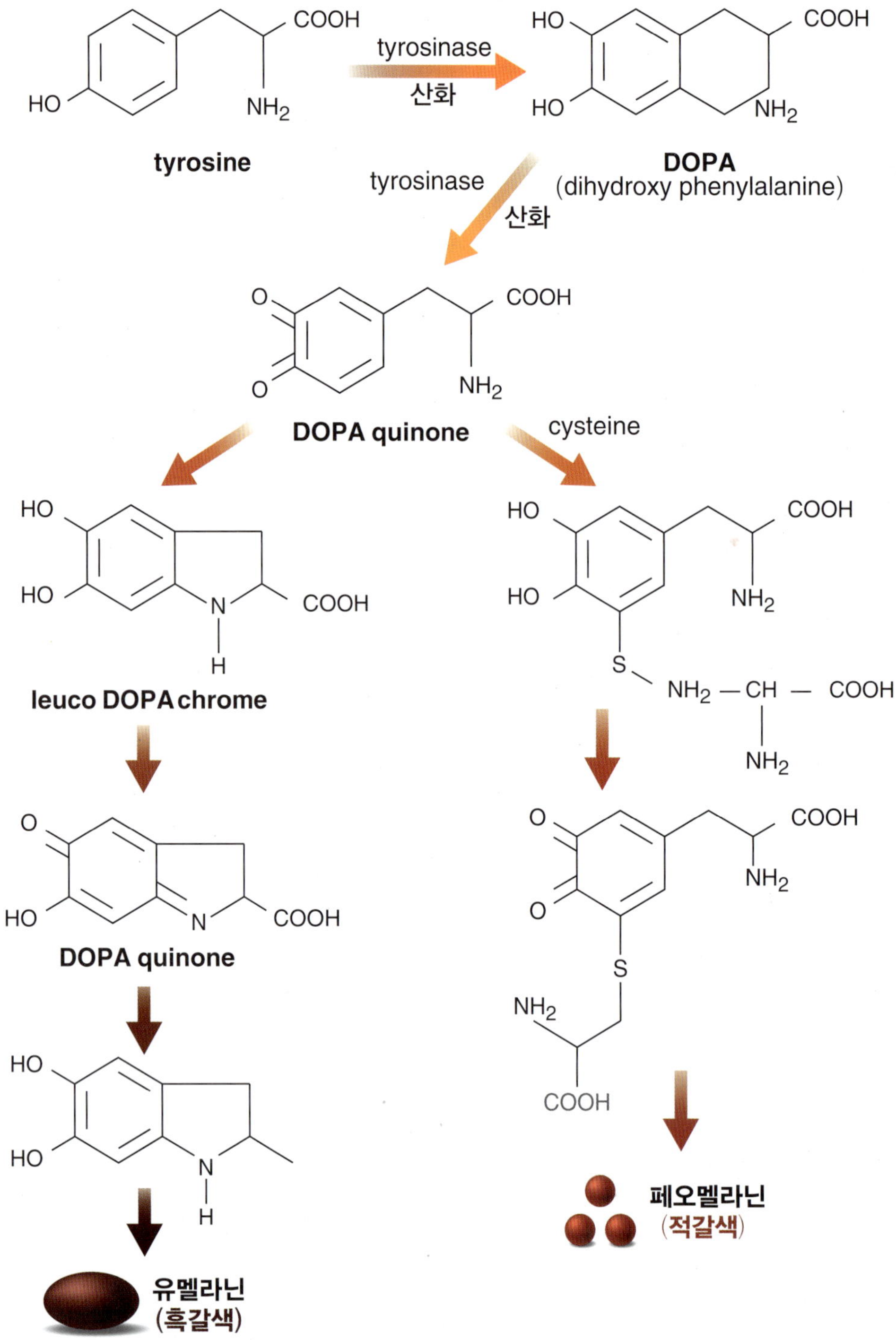

그림 2-7 멜라닌 합성과정

(7) 모발의 특징 17)18)

1) 모발의 분류

① 경모(Hard hair)

굵기가 굵고 강한 털로 모발, 수염, 겨드랑이 털, 음모 등이 이에 속하며, 모수질과 멜라닌 색소를 지니고 있다.

② 연모(Soft hair)

배 속에 있을 때는 '생모', '태모'라고 하며, 출생 후에는 연모라고 한다. 굵기가 가늘고 솜털 같은 것으로 손바닥 그리고 입술을 제외한 우리 몸의 대부분을 덮고 있는 털을 말한다. 짧고 가늘어 모수질이 없으며 멜라닌 색소가 적어 갈색의 색상으로 눈에 잘 띄지 않는다.

2) 모발의 모양

모발은 그 성장에 따라 직모(straight hair), 곡모(wavy hair), 축모(curly hair)로 나누는데, 그 단면의 형태도 다르다.

① 직모(Straight hair)

- 일반적으로 황인종에게 많이 볼 수 있으며 모발 횡단면의 모양이 원형에 가깝다.
- 웨이브가 거의 없이 직선으로 자라 나온 모발이다.
- 모경지수는 75~85 정도이다.

② 곡모(Wavy hair)

- 백인종에게 많이 볼 수 있으며 가늘고 약간 곱슬머리 형태이다.
- 모발의 횡단면의 모양은 타원형에 가깝다.
- 모경지수는 60~75 정도이다.

③ 축모(Curly hair)

- 강한 곱슬머리이며 흑인종에게서 많이 볼 수 있다.
- 모발의 횡단면의 모양은 납작하다.
- 모경지수는 50~60 정도이다.

표 2-2 모발의 종류에 다른 모발의 단면과 모낭의 형태

구분	직모(Straight hair)	곡모(Wavy hair)	축모(Curly hair)
모발			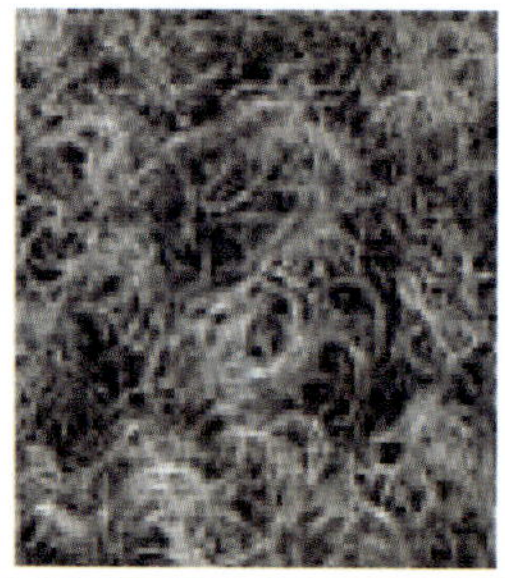
모낭의 형태			
횡단면		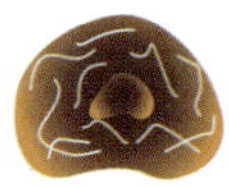	

3) 모발의 밀도

모발은 보통 9~15만 개 정도로 황인종의 어두운 갈색 모발은 약 10만 개, 백인 금발은 약 14만 개, 붉은색 모발은 약 9만 개 정도이다. 이 중에서 하루 70개~100개 정도는 자연 탈모되며 나이가 들면서 하루에 200개 정도 탈모가 되기도 한다. 또 탈모가 많은 시기는 여름과 겨울보다 봄, 가을이다.

4) 모발의 굵기(직경)

모발 지름에 따라 굵은 모발, 중간 모발, 가는 모발로 구분되는데 동양인의 모발은 보통 지름이 약 0.05~0.15mm 정도이다.

5) 모발의 pH (수소이온농도)

pH는 수소이온농도 지수(power of Hydrogen ions, 페하)로서 물에 녹아 있는 수용액의 산성, 알칼리 등을 측정하기 위해 사용되는 수치이다. 모발의 pH는 모발 중에 함유된 수분의 pH를 말하는 것으로 pH 7은 중성, pH 7 초과면 알칼리, pH 7 미만이면 산성이다. 모발의 pH는 4.5~5.5의 약산성이다.

① pH와 제품 [19)20)]

헤어제품을 올바르게 사용하기 위해서는 pH를 반드시 알고 있어야 제품의 특징을 이해하고 효과적인 결과를 얻을 수 있다.

• 알칼리 제품과 모발의 변화

알칼리 제품은 모발의 40~70%까지 팽윤하게 만든다. 염색 시술 시 모발의 팽윤은 화합물의 침투를 쉽게 하고 과산화수소의 산화작용을 돕는다. 같은 염모제를 사용해도 pH에 따라 발색과 탈색 정도가 달라진다. pH가 낮은 상태(3~4) 또는 높은 상태(9~11)에서 최대의 탈색 또는 염색 정도를 얻을 수 있다.

그러나 염모제나 퍼머넌트웨이브 환원제(퍼머넌트 1제)를 사용하게 되면 물리석 pH의 변질로 인해 두피와 모발에 심한 불균형을 초래하므로 알칼리성 제품을 시술한 다음에는 pH가 낮은 산성 컨디셔너를 사용하여 pH를 중화시키며, 내부 피질의 환원과 모표피를 수축시키고 부드럽게 만든다.

• 염모제에 사용되는 화학제품의 pH

- **과산화수소** : pH 3.0~4.0 정도의 산성이며, 과산화수소는 펌과 염색의 산화제로 사용된다.
- **모발탈색제** : pH 10.0~11.0이며, 탈색제는 과산화수소와 혼합될 경우는 모발에 멜라닌 색소를 제거할 정도의 알칼리성으로 만든다.
- **암모니아** : pH 11 정도이며 멜라닌 색소 제거 과정을 돕는다.
- **염색** : pH 9.5 정도이다.

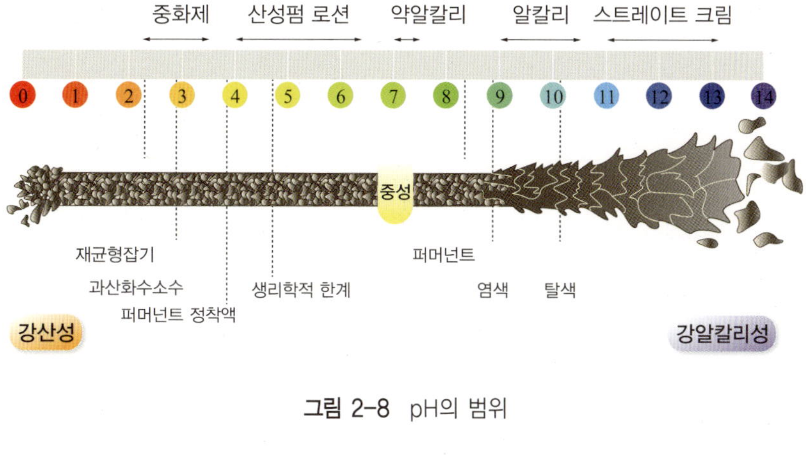

그림 2-8 pH의 범위

6) 모발의 물리적 특성 21)22)23)

① 모발의 탄력성

모발이 끊어지지 않을 정도까지 잡아당겼다가 놓았을 때 원래대로 되돌아가는 성질을 탄력성이라고 한다. 보통 건강모는 원래 길이의 40~50%, 신장 강도(끊는 데 드는 힘)는 140~150g, 물에 젖은 상태에서는 60~70%, 신장 강도는 90~100g 정도이다. 또한, 모발의 고착력(한 올을 뽑는 데 드는 힘)은 50g 정도이다.

② 모발의 다공성

모발 조직 중에서 빈 곳으로, 다공성이 심할수록 화학약품이 과다 흡수되어 손상이 커지며, 수분 유지력이 떨어짐에 따라 점차 모발은 점점 건조한 상태가 된다.

표준상태에서 수분 보유율이 10~15%가 이상적이며, 손상모일 때 10% 이하로 떨어지며, 이때는 모발 질감도 매우 거칠어진다.

③ 모발의 열변성

무리한 열은 모발 케라틴(Keratin) 구조에 변화를 일으켜 모발에 손상을 주게 된다. 또 건열과 습열에 따라서 미치는 영향도 각기 다른데, 모발에 미치는 열이 습열, 즉 물기가 있는 모발에 열을 가하는 것이 모발에 더 큰 영향을 줘서 손상을 초래한다.

④ 모발의 친수성

모간부의 모표피 영역은 친유성으로 모발의 약 10%를 차지하고 있으며, 모피질 영역은 친수성으로 전체 모발의 약 90%를 차지하고 있으므로 모발 전체에서는 친수성의 성질이 크다고 할 수 있다.

⑤ 대전성

모발을 브러싱하거나 백코밍(back-coming) 할 때 빗에 모발이 붙는 정전기 현상으로, 이러한 현상은 마찰로 인해 모발은 (+)로 도구는 (-)로 대전되기 때문이다. (+)전기를 가진 모발 끼리는 서로 떨어지려고 하고 (+)인 모발과 (-)인 도구는 서로 끌어당기는 현상이다.

이런 경우는 마찰을 줄이거나 습기를 보충하거나 계면활성제가 들어 있는 대전 방지제를 이용하면 이를 줄일 수 있다.

2. 염색이론

1. 모발염색의 정의

모발 염색이란 흰머리를 감추거나 원래의 머리카락 색을 더 아름답고 매력적으로 보이기 위해 머리에 색을 들이는 것을 말한다.

모발 탈색이란 모발에서 자연색소를 빼냄으로써 모발이 밝게 되는 것을 말하며 모발에 입체가과 생명력을 부여하기 위해서는 탈색의 과정이 필요하다. 이렇게 모발의 색상을 변화함으로써 새로운 분위기를 느낄 수 있고 개인의 개성을 표현하는 적극적인 방법의 하나가 모발의 염색, 탈색인 것이다.

2. 염모제의 특징 및 분류

염모제는 다양한 성분으로 구성되며, 염료, 알칼리제, 산화제는 염색 시술 시 반드시 알아 두어야 한다. 염료를 알게 되면 피그먼테이션(pigmentation, 색소 침투) 기법을 익힐 수 있으며, 산화제는 프리 소프트닝(모표피 팽창), 염모제 내에 들어 있는 알칼리제의 특징에 대해서도 알 수 있다.

염모제는 1제(염료, 알칼리제)와 2제(산화제)로 구성된다.

① 1제 염료 : 다양한 색조를 나타내는 인공색소가 들어 있으며, 알칼리인 암모니아는 모발의 가장 바깥층인 모표피층(큐티클)을 팽창 시켜 과산화수소(H_2O_2)의 침투를 쉽게 한다.

② 2제 산화제 : 모피질층(코텍스)에 있는 멜라닌 색소를 탈색시키는 역할을 하며, 이러한 구성 성분을 알고 있으면 염색의 원리를 훨씬 쉽게 이해할 수 있다.

(1) 일시적 염모제 [24)]

- 커다란 염모 분자로 모표피층을 코팅하며, 샴푸 시 색상이 씻겨져 나가면서 기존의 모발 색으로 돌아온다.
- 모발 손상이 없으며, 색상 변화가 다양하다.

- 사용 방법이 간단하다.
- 베개나 옷 등에 염색이 묻어날 수 있으며 수분 때문에 쉽게 지워질 수 있다.
- 일시적 염모제 종류로는 컬러 겔, 컬러 무스, 컬러 스프레이, 컬러 샴푸, 컬러 마스카라 등이 있다.
- pH는 3~4이다.

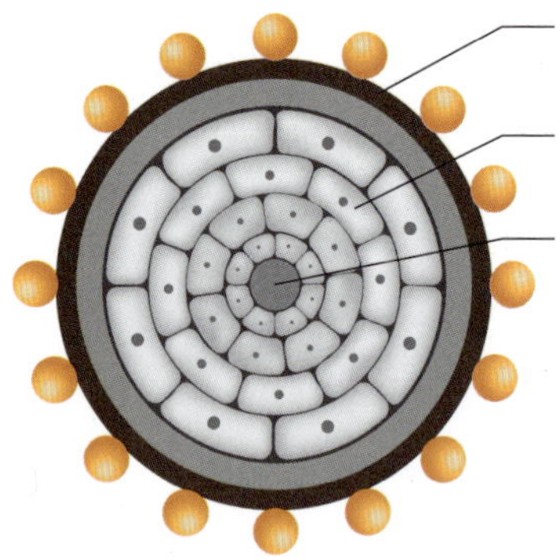

그림 2-9 일시적 염모제의 원리

(2) 반영구적 염모제 25)

- 색소가 모표피와 모피질 일부에 작용하며, 보통 4~6주 동안 색상이 남아 있다.
- 1제만으로 구성되어 있어 모발 내 멜라닌 색소에 영향을 주지 못하므로 모발 색을 변화시키지는 못한다.
- 샴푸 시 색 빠짐이 있다.
- 시간과 온도에 따라 효과의 차이가 나기 쉬우며, 온도에 의해 염료의 흡착이 달라져 시간을 길게 두는 편이 효과적이다.
- 알칼리에 약한 염료이므로 퍼머넌트 웨이브에 의해 색이 제거되기 쉽다.
- 모발 손상이 거의 없으며, 밝은 색 모발이나 탈색 모발은 원색 컬러를 낼 수 있다.
- 장기간 연속적인 시술 시 모발이 뻣뻣해질 수 있다.
- 피부에 염료가 묻으면 잘 지워지지 않는다.
- 산성 염료가 모표피와 모피질 최외측까지 침투하여 이온 결합으로 인해 염착된다.

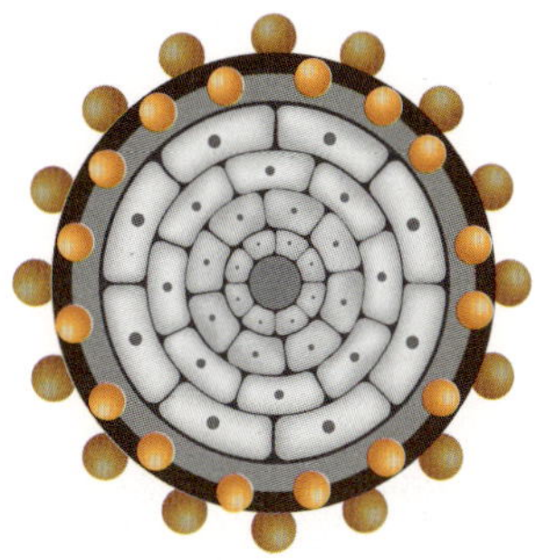

그림 2-10 반영구 염모제의 원리

(3) 영구적(산화) 염모제 [26)]

1제(알칼리)와 2제(산화제)로 구성된 헤어컬러 제품으로 지속력이 긴 영구적 염모제가 이에 속한다. 현재 가장 많이 사용되고 있는 합성 염모제이다.

1) 영구적 염모제

- 암모니아를 포함한 산화 염모제이다.
- 자연색소를 탈색시키고 인공색소를 착색시킨다.
- 모표피 층을 뚫고 침투하여 모피질까지 들어간다.
- 액상, 크림, 겔 타입의 염모제가 있다.
- 알레르기 반응을 일으킬 수 있으므로 시술 전 알레르기 검사가 필수적이다.
- 모발의 손상이 심하며 시술 시 두피 온도 차에 의한 얼룩이 생길 염려가 있다.

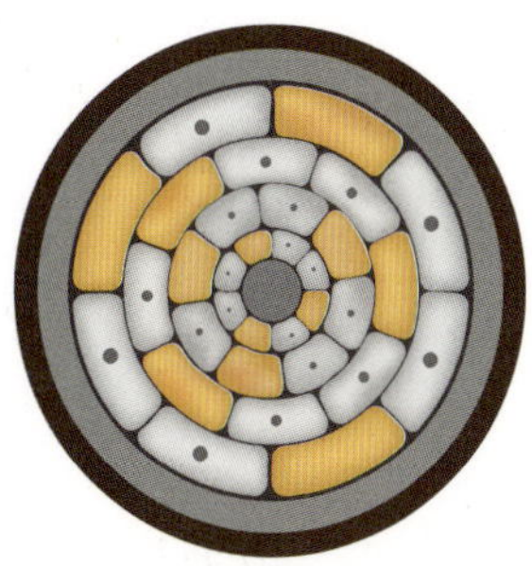

그림 2-11 영구적 염모제의 원리

2) 영구 염모제의 구성성분

① 제1제(알칼리)의 구성성분 및 역할

<table>
<tr><th colspan="2">성분</th><th>역할</th><th>비고</th></tr>
<tr><td rowspan="3">산
화
염
료</td><td>P- 페닐렌디아민</td><td>새치 커버용 제품에 주로 포함</td><td rowspan="3">명도에 영향</td></tr>
<tr><td>P- 아미노페놀</td><td>8~10톤 제품에 주로 포함</td></tr>
<tr><td>황산 톨루엔
2.5 디아민</td><td>7~9톤 제품에 주로 포함</td></tr>
<tr><td colspan="2">색소 중간체(색원물질)</td><td>색조에 변화를 줌(레졸신, 히드로키톤 등)</td><td>채도에 영향</td></tr>
<tr><td colspan="2">알칼리제</td><td>모발을 팽윤시켜 색소 침투를 쉽게 함</td><td>암모니아수, 계면활성제</td></tr>
<tr><td colspan="2">산화방지제</td><td>아황산나트륨</td><td>환원작용</td></tr>
<tr><td colspan="2">안정제</td><td>금속이온에 의한 과산화수소의 분해 방지</td><td></td></tr>
<tr><td colspan="2">아미노 화합물</td><td>모발 손상 방지</td><td></td></tr>
<tr><td colspan="2">비이온수</td><td></td><td></td></tr>
</table>

② 제2제(산화제)의 구성성분 및 역할

성분	역할
과산화수소	제1제인 알칼리 성분과 혼합되어 산소를 발생시키고 멜라닌 색소를 파괴한다.
안정제	금속이온에 의한 과산화수소의 분해를 방지한다.
pH 조절제	과산화수소를 안정화한다.
계면활성제	색소분산, 기포제, 세정제로 작용한다.
비이온수	

그림 2-12 영구 염모제의 구성성분

3. 모발 염색 용어

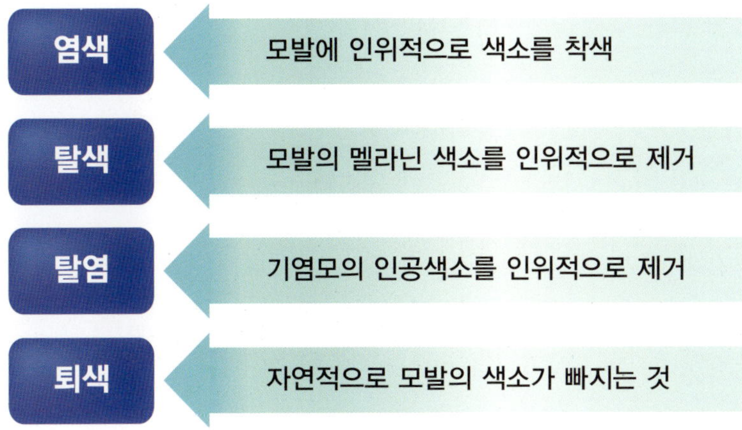

그림 2-13 모발염색 용어

4. 모발 염색을 하는 이유

모발 염색은 개인의 단점을 보완하고 장점을 부각해 주는 것은 물론이고 개성 표현의 중요한 수단이다. 흰머리를 감추기 위해 또는 자신의 피부색이나 원하는 이미지 연출을 위해 많은 시간과 노력을 투자하여 모발을 아름답게 가꾸고자 한다.

5. 모발 염색에 영향을 주는 요인

모발 염색은 모발에 함유된 멜라닌 색소의 양, 디자이너의 기술, 여러 가지 환경 조건에 의해서 각각 다른 결과를 초래한다.

특히 작용 시간, 약액 도포량, 온도 등은 모발 염색에 영향을 미치는 중요한 요인이다.

모발에 염모제를 바른 후 작용 시간이 부족한 경우에는 원하는 모발색이 발색되지 않으며, 염모제가 안정적으로 작용하지 못함으로써 퇴색 시간이 많이 일어난다. 또한, 약액의 도포량이 지나치게 적은 경우에도 원하는 색상이 연출되지 않으며, 반대로 많은 양의 약액을 바르게 될 때는 약액이 흘러 들어가서 두피 부분이 지나치게 밝게 표현되며 모발 손상을 초래한다.

한편, 실내 온도가 너무 낮은 경우에는 약액의 작용이 원활하지 못하여 원하는 색상이 발색되지 않는다. 이 밖에도 고객의 모발 상태나, 체온, 건강 상태 등도 모발 염색에 많은 영향을 미치는 요인이다.

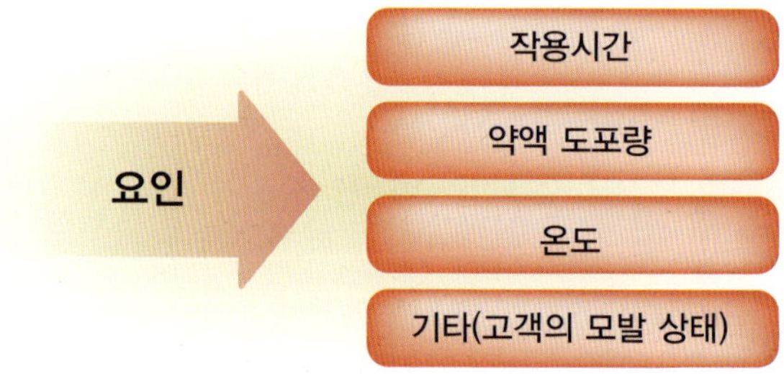

그림 2-14 모발 염색에 영향을 미치는 요인

6. 염색의 법칙

모발 염색에 사용되는 1제와 2제는 그 성분이 각각 다르며 각자 다른 작용을 한다.

1제인 알칼리 성분은 모표피를 열어 염모제가 모발 속으로 침투하도록 돕고 함유된 염료에 의해 발색작용을 한다.

2제인 산화제는 열린 모표피를 통해 모피질 속에 들어가서 산소를 방출하여 멜라닌 색소를 파괴하는데, 이 두 가지의 작용이 동시에 일어난다. 그러한 작용 때문에 최종의 모발 색을 얻을 수 있다. 따라서 모발 염색은 동시성의 법칙과 결과색상의 법칙이 공존한다.

그림 2-15 염색의 법칙

7. 모발의 명도

• 자연모 레벨(Natural Hair Level)

모발의 색상은 피부색과 같이 멜라닌(melanin) 색소의 합성 정도에 따라 결정된다. 염색 또는 탈색을 하지 않은 원래의 모발을 자연모라고 하며, 자연모의 레벨은 아주 어두운 갈색에서부터 아주 밝은 황갈색까지 10단계로 나눌 수 있다.

동양인의 경우 2~4 정도의 명도를 가지며, 서양인의 경우는 6~9 정도의 명도를 가진다.

• 블리치 레벨(Bleach Level)

블리치 레벨은 염색이나 탈색으로 인하여 모발이 밝아지는 과정을 10단계로 나눈 것이다. 1~4레벨까지는 탈색 시 적색(red) 계열의 색상이 나타나고 5~7레벨까지는 오렌지(orange) 계열의 색상이 나타나며 8레벨부터는 노랑(yellow) 계열의 색상을 확인할 수 있다.

자연모 레벨	블리치 레벨
10. 가장 밝은 황금색 (Lightest Blonde)	10. 가장 밝은 노랑 (Lightest Yellow)
9. 아주 밝은 황금색 (Very Light Blonde)	9. 밝은 노랑 (Light Yellow)
8. 밝은 황금색 (Light Blonde)	8. 옐로우(Yellow)
7. 황금색(Blonde)	7. 옐로우 오렌지 (Yellow Orange)
6. 어두운 갈색 (Dark Blonde)	6. 오렌지(Orange)
5. 밝은 갈색 (Light Brown)	5. 붉은 오렌지 (Red Orange)
4. 갈색(Brown)	4. 붉은색(Red)
3. 어두운 갈색 (Dark Brown)	3. 붉은색(Red)
2. 아주 어두운 갈색 (Dark Brown)	2. 붉은 보라 (Red Violet)
1. 흑색(Black)	1. 흑색(Black)

8. 컬러 차트와 염색제 혼합

(1) 색채도표의 이해

색채도표란 색의 고유 영역의 색상을 표현하기 위한 모발 염색의 표본을 말한다. 염색에 사용되는 색채도표는 제품에 따라 조금씩 차이는 있으나, 기본적인 색 지각의 3가지 속성인 색상, 명도, 채도를 기본으로 하고 있다.

염색제 표기법으로는 8/34(명도/ 1차 반사 빛, 2차 반사 빛)로 국제적으로 공통으로 사용하고 있다.

(2) 염색제의 번호체계

영구 염색제를 살펴보면 다양한 번호가 있는 것을 알 수 있다. 많은 종류의 제품과 가지각색의 색상 이름들의 혼돈을 막기 위해 다음 아래와 같이 숫자나 알파벳으로 색상을 표현하는 것이 국제적으로 공통 사용되고 있다. 보통 염색약은 색상 이름 이외에 아래와 같이 숫자나 알파벳으로 표기가 되어 있다.

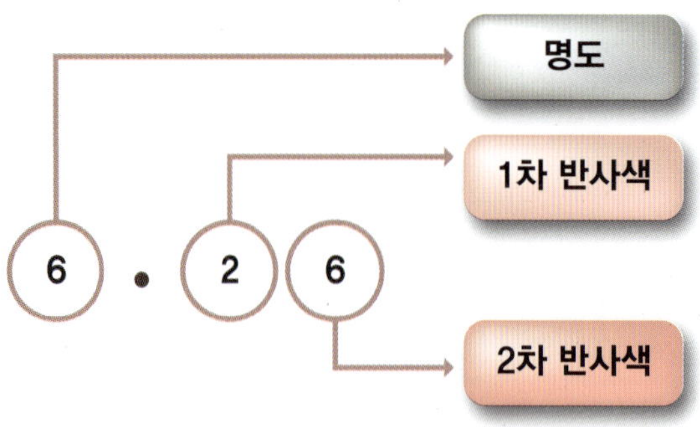

그림 2-16 염색제의 번호체계

(3) 반사 빛

반사 빛은 색의 음영은 물론이고 색의 온도감과 이미지를 나타내며, 여러 색소끼리의 조합과 빛의 각도에 따라 반사 빛은 다양한 색상으로 표현된다.

헤어컬러에서 1차, 2차 반사 빛의 복합개념으로 쓰고 있으며 색조 색상에 따라 한 가지 혹은 두 가지를 사용하기도 한다.

예를 들어, 7/43(7.43)의 번호를 가지는 염색제의 경우에 명도는 7단계로 염색제의 밝기를 의미한다. 4는 붉은색으로 '1차 색'이라고 불리며 주요 색상을 나타낸다. 3은 금색으로 '2차 색'이라고 불리며 주요색상 뒤로 은은하게 반사되는 색상을 나타낸다.

모발 염모제의 반사 빛의 표기는 제품회사마다 다소 차이가 있으나 잿빛은 1, 보랏빛은 2, 황금빛은 3, 구릿빛은 4, 자줏빛은 5, 붉은빛은 6으로 표기하는 것이 대표적이다.

표 2-3 제조사별 반사 빛 구분

AMOS(아모스)	Obsidian(옵시디앙)	L'Oreal(로레알)	WELLA(웰라)
1-Ash(잿빛)	1-Ash(잿빛)	1-Ash(잿빛)	11-Ash Gray(애시 그레이)
2-Matt(Green:녹빛)	2-Matt (Green:매트 빛, 초록빛)	2-Violet(보랏빛)	2-Matt(매트)
3-Golden (=Yellow 황빛)	3-Golden (=Yellow 금빛 or 노랑)	3-Golden (=Yellow 금빛 or 노랑)	3-Yellow(옐로)
4-Copper(구릿빛)	4-Copper (구릿빛, 오렌지)	4-Copper (구릿빛, 오렌지)	34-Orange Beige (오렌지 베이지)
5-Red(적빛)	5-Mahogany(자줏빛)	5-Mahogany(자줏빛)	44-Carrot Orange (캐럿 오렌지)
6-Mahogany (자줏빛)	6-Red(적빛)	6-Red(빨간색)	45-Cherry Red(체리레드)
7-Violet(보랏빛)	7- Violet(보랏빛)	7-Matt (Green:매트 빛, 초록빛)	5-Rose(로즈)
8-Blue Violet (청보라)			6-Violet(바이올렛)
			68-Pink Pearl(핑크 펄)
			88-Blue Silver (파란 은백색)
			7-Brown(브라운)

• WELLA(웰라) 컬러 차트

GRAY SCALE
WHITE
70%
50%
30%
20%
10%
5%
LEVELSCALE
15
14
13
12
11
10
9
8
7
6
5
4
WELLA
ILLUMINA, The most luminous color in the world.
15
14
13
12
11
10
9
8
7
6
5
4
LEVEL SCALE

콜레스톤 퍼펙트 헤어 컬러 차트

※사용상의 주의사항을 잘 읽고, 바르게 사용해주십시오. ※사용 전에는 매회 반드시 피부 알레지테스트(패치 테스트)를 해주십시오.

DEEP 딥						NATURE CONTROL 네이처 컨트롤	.BROWN 브라운			PURE 퓨어											RICH 리치			
블랙 0	매트브라운 02	옐로우 브라운 03	웜 브라운 04	핑크브라운 05	베이지브라운 07	네이처컨트롤 00	애쉬브라운 17	브라운 7	레드브라운 47	애쉬그레이 11	매트 2	옐로우 3	오렌지베이지 34	캐럿오렌지 44	체리레드 45	로즈 5	바이올렛 6	핑크 펄 68	블루 실버 88	플래티넘 81	골드브라운 73	오렌지브라운 74	로즈브라운 75	체스넛브라운 77
						14/00				14/11		14/33		14/44	14/45	14/5	14/6							
						12/00				12/11		12/3		12/44	12/45	12/5	12/6		12/88					
						10/00		10/7		10/11	10/2	10/3	10/34	10/44	10/45	10/5	10/6	10/68	10/88	NEW				
						9/00														99/81	99/73	99/74	99/75	99/77
	8/02	8/03	8/04	8/05	8/07	8/00	8/17	8/7	8/47	8/11	8/2	8/3	8/34	8/44	8/45	8/5	8/6	8/68	8/88	88/81	88/73	88/74	88/75	88/77
						7/00														77/81	77/73	77/74	77/75	77/77
	6/02	6/03	6/04	6/05	6/07	6/00	6/17	6/7	6/47	6/11	6/2		6/34	6/44	6/45	6/5	6/6	6/68	6/88	66/81	66/73	66/74	66/75	66/77
5/0	5/02	5/03	5/04	5/05	5/07	5/00																		
	4/02	4/03	4/04	4/05	4/07																			
3/0																	3/6							
2/0																								
1/0																								

콜레스톤 퍼펙트 넘버링 시스템

ex) 10/34 — 10: 명도, 채도 / 34: 색상

- 사선의 좌측 숫자가 명도를 나타냅니다.
  (숫자가 커지면 밝아집니다.)
  ※ 숫자가 더블로 표기된 경우는 같은 명도보다 선명하게 표현되는 쉐이드를 의미합니다.
- 사선의 우측 숫자가 색상을 나타냅니다.

- 본 색상은 백모에 샘플링한 이미지 색상입니다.
- 염색 전의 모발 상태에 따라 염색 결과가 다소 차이가 있을 수 있습니다.
- 인쇄물로 실제 염색 결과와 차이가 있을 수 있습니다.

• L' Oreal(로레알) 컬러 차트

기본색

1	3	4	5	6	7	10
흑색	어두운 갈색	갈색	밝은 갈색	어두운 황갈색	밝은 황갈색	금색

버건디

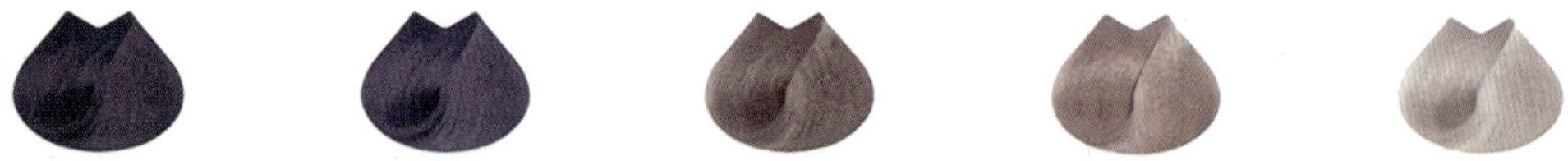

4.20	5.20	8.2	9.22	10.21
강한 보라색	강한 보랏빛 밝은갈색	보랏빛 밝은 황갈색	진한 보랏빛 아주 밝은 황갈색	잿 보랏빛 금색

잿빛

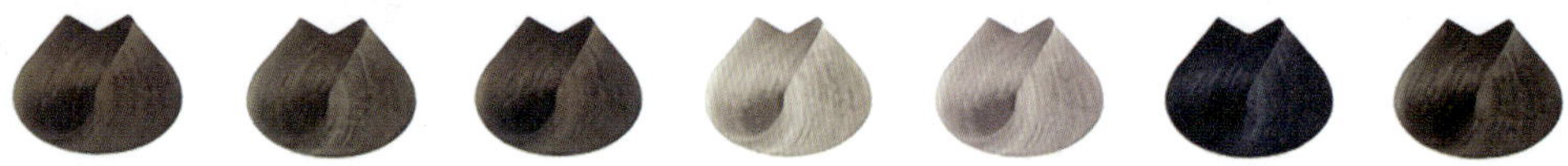

6.1	7.1	7.11	8.1	8.12	2.10	5.1
잿빛 어두운 황갈색	잿빛 황갈색	진한 잿빛 황갈색	잿빛 밝은 황갈색	보라 잿빛 밝은 황갈색	강한 푸른빛 흑색	잿빛 밝은 갈색

적빛

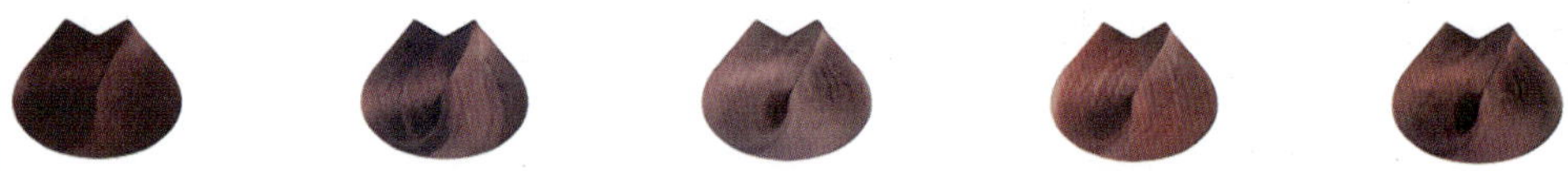

4.56	4.65	5.62	6.64	6.6
적 자줏빛 갈색	자주 적빛 갈색	보라 적빛 밝은 갈색	구리 적빛 어두운 황갈색	진한 적빛 어두운 황갈색

커퍼

6.46	7.4	7.43	8.45
적 구릿빛 어두운 황갈색	구릿빛 황갈색	금 구릿빛 황갈생	자주 구릿빛 밝은 황갈색

매트

6.07	8.07	9.07
자연스러운 매트한 황갈색	자연스러운 매트한 밝은 황갈색	자연스러운 매트한 아주 밝은 황갈색

쿨 브라운		웜 브라운				
6.23 금 보랏빛 어두운 황갈색	7.23 금 보랏빛 황갈색	5.35 자주 금빛 밝은 갈색	5.5 자줏빛 밝은 갈색	6.35 자주 금빛 어두운 황갈색	6.45 자주 구리빛 어두운 황갈색	6.52 보라 자줏빛 어두운 황갈색

골드					
4.3 금빛 갈색	5.3 금빛 밝은갈색	6.3 금빛 어두운 황갈색	7.3 금빛 황갈색	8.3 금빛 밝은 황갈색	9.3 아주 밝은 황갈색

Majirel NEW Shades				
7.13 금빛 회갈색	4.45 자주 구릿빛 갈색	4.26 암적 갈색	5.55 밝은 갈색	5.0 밝은 갈색

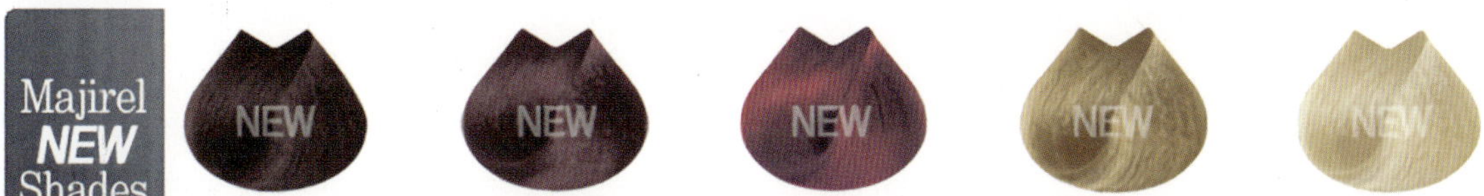

Majirel NEW Shades				
4.51 잿 자줏빛 갈색	5.6 적빛 밝은 갈색	6.62 보라 적빛 어두운 황갈색	8.31 잿 금빛 밝은 황갈색	10.31 잿 금빛 금색

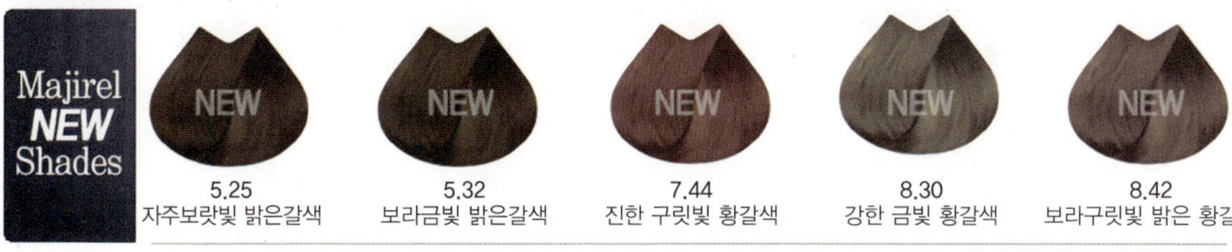

Majirel NEW Shades				
5.25 자주보랏빛 밝은갈색	5.32 보라금빛 밝은갈색	7.44 진한 구릿빛 황갈색	8.30 강한 금빛 황갈색	8.42 보라구릿빛 밝은 황갈색

• Amos(아모스) 컬러 차트

Intense_인텐스 라인
1 Ash
8.11
7.17
2.11
4 Orange
11.46
8.47
2 Matt
11.21
8.21
8.22
5 Red
12.56
8.55
7.57
7.51
3 Gold
13.33
11.34
7 Violet
9.76
[염색 전 기준 모발]
· 15 LEVEL BASE
· 5 LEVEL BASE

amos
PROFESSIONAL
30%
50%
80%
그레이 스케일
레벨 스케일
True Sync™ COLOR
12
11
10
9
8
7
6
5
4
3
2
1

Basic 명도 조절과 베이직한 칼라를 표현하는 멋내기 라인

Intense 고명도의 선명한 반사빛을 연출해주는 라인

Deep 30–40대 새치를 위한 새치커버 전문 라인

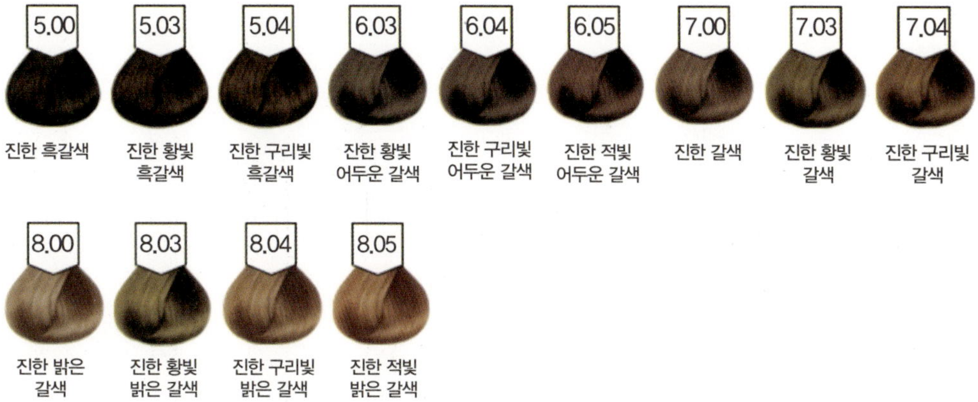

• Obsidian(옵시디앙) 컬러 차트

NATURAL COLOR

1.0 | 3.0 | 5.0 | 6.0 | 8.0 | 10.0 | 13.0

GRAY COLOR

금빛: 5.03 | 6.03 | 7.03 | NEW 9.03

구리빛: 5.04 | 6.04 | 7.04 | 8.04

자주빛: NEW 8.05 | 9.05

7.06

보라빛: NEW 7.07

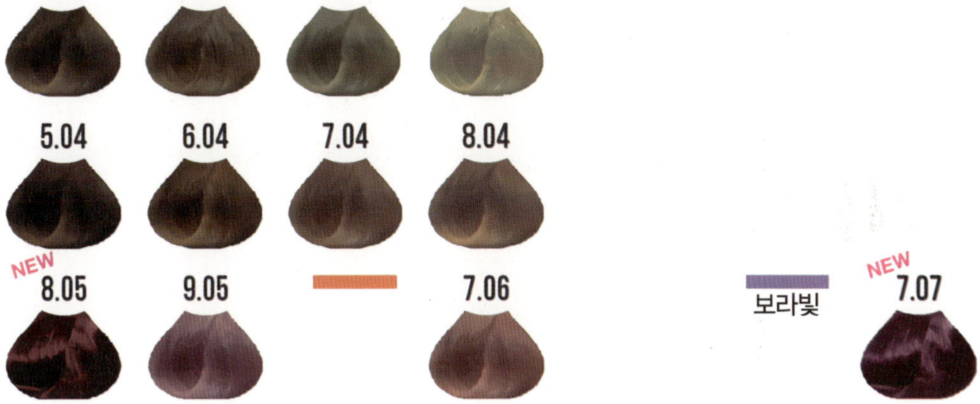

CONTOL COLOR

NEW Red | Soul Red | Blue | Green | Violet | Clear

FASHION COLOR

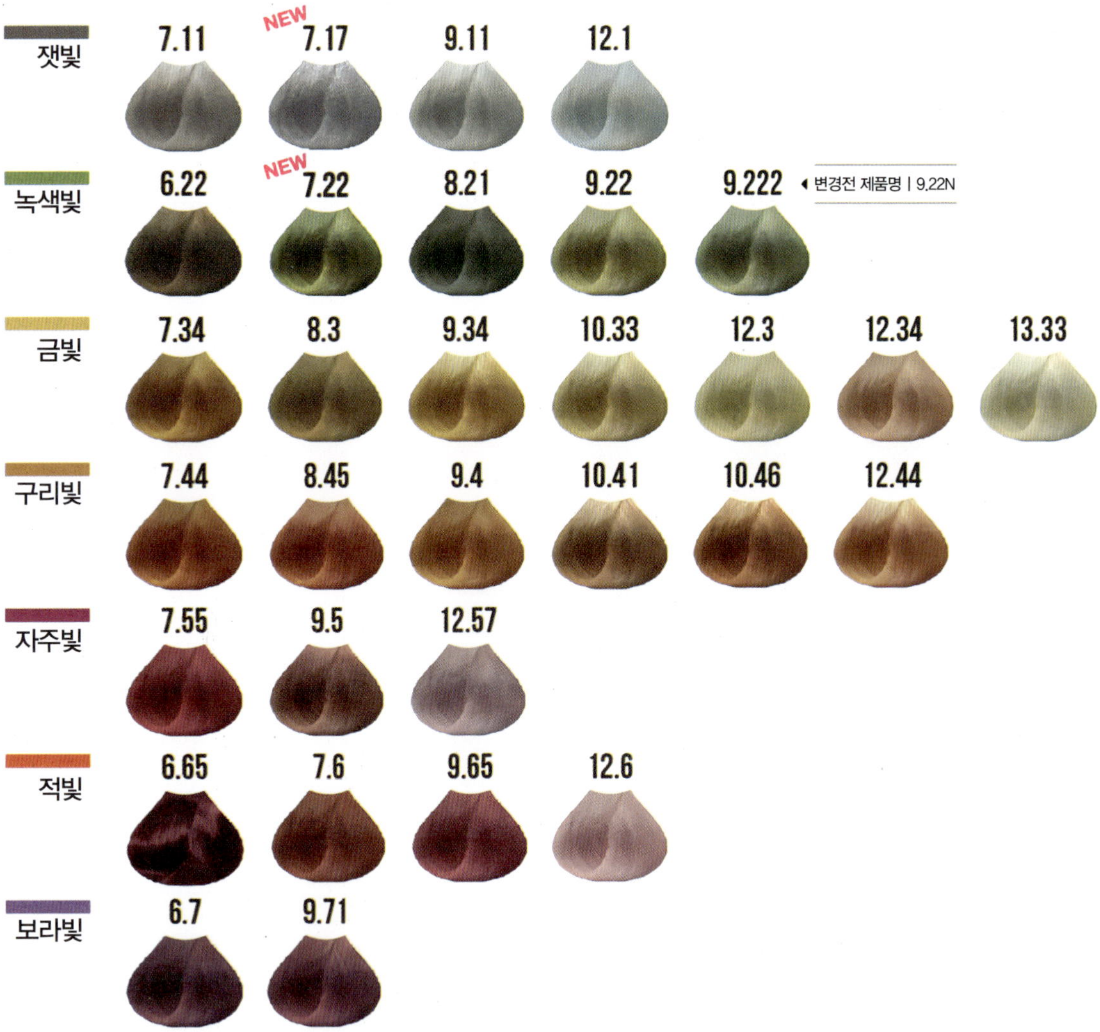

9. 영구 염모제 작용시간

염모제 도포 후 25~30분 정도 방치하는 것은 멜라닌 색소의 탈색작용이 이루어지고 난 후 그 자리에 인공색소가 발색하여 착색되는 시간이 필요하기 때문이다.

염료가 안정된 크기로 발색하여 착색이 되는 시간과 멜라닌 색소를 분해시키는 탈색 시간은 동시에 일어난다. 제품회사마다 염색의 작용 시간은 다르지만 탈색이 더 빨리 이루어지는 염모제 경우라 할지라도 발색되는 시간이 필요하므로 표기된 방치시간을 잘 지켜야 빨리 퇴색이 되지 않는다.

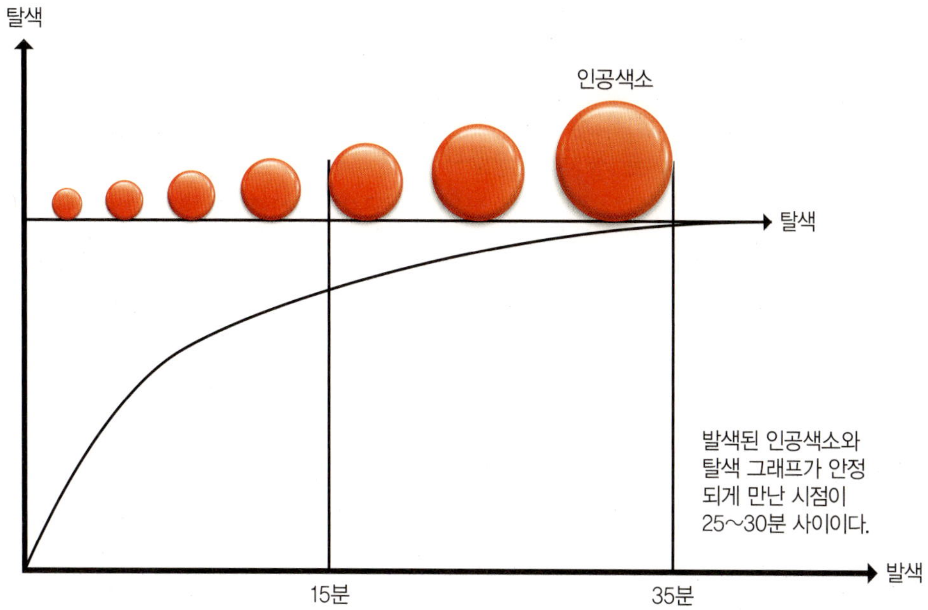

10. 염모제 도포 방법 [27)]

염모제를 바를 때에는 두상의 위치와 목적에 따라 그 순서를 달리하여 발라야 한다.

(1) 백모 염색 시

백모 염색을 하기 위해서는 백모가 많은 곳부터 바르고 약액을 충분히 발라야 하며 염색 솔을 눕혀서 발라야 약액을 충분히 바를 수 있다.

(2) 멋 내기 염색

멋 내기 염색을 하기 위해서는 체온이 낮아 발색이 잘 안 되는 부분부터 발라야 하며, 주로 네이프(nape) 부분에서 도포를 시작하여 관자놀이 중심으로 한 페이스(face)라인은 모발이 가늘고 열이 많으므로 발색이 빨리 된다는 점을 숙지해야 한다.

염색 솔은 반드시 눕혀서 발라야 한다. 약액을 지나치게 많이 바르는 경우에 얼룩이 생길 수도 있다.

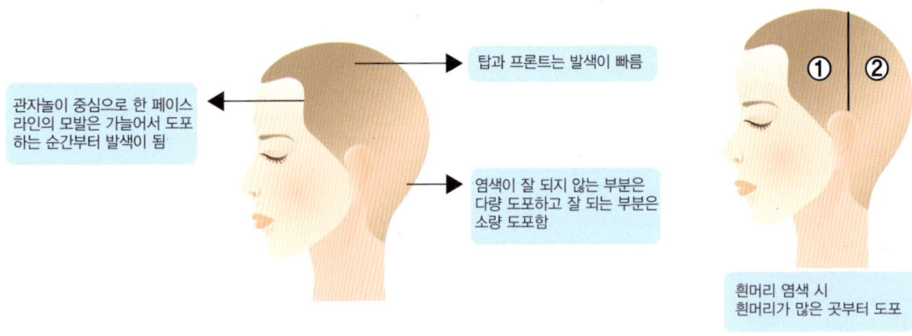

그림 2-17 염모제의 도포 순서

(3) 패치 테스트

패치 테스트는 염색약 성분에 알레르기 반응이 있는지 알아보기 위한 테스트로 피부 테스트, 민감성 테스트로도 알려져 있다. 염색약의 주요성분은 파라 복합성분(para-compounds)이 사용되므로 이 성분에 대한 알레르기가 있는지를 알아볼 필요가 있다.

① 패치 테스트의 필요 용품

6% 과산화수소, 염색약, 밴드 등

② 패치 테스트의 시술 과정

- 고객 보호를 위해 가운이나 수건을 이용한다.
- 아주 적은 양의 염색약과 동량의 산화제(6%)를 섞는다.
- 팔꿈치 안쪽이나 귀 뒤에 솜으로 위의 염색약을 약간 묻힌다.
- 자연적으로 말리거나 밴드를 붙인다.
- 고객에게 24~48시간 정도 그대로 두고 어떤 이상 반응이 있는지 살펴볼 것을 권한다.

③ 결과

- **양성 반응** : 붓거나 간지럽거나 붉게 되거나 불편한 경험 있는 경우. 이런 증상이 있으면 즉시 떼어내고 피부를 안정시키는 컬러민과 같은 로션을 발라준다.
- **음성 반응** : 별다른 반응이 없는 경우 염색해도 좋다.

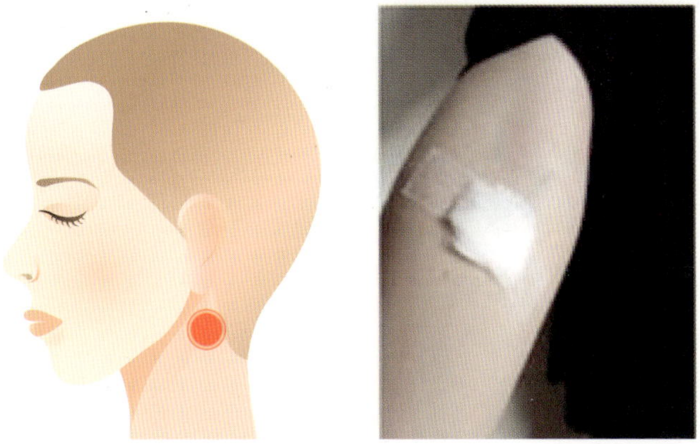

그림 2-18 패치테스트

(4) 식물성 염모제[28)]

① 예로부터 사용되어 온 염색제로 식물의 꽃, 열매, 뿌리, 껍질 등에서 염료를 추출한다.

② 식물성 염모제는 독성이나 자극성이 없어 안전하지만, 색이 한정되어 있다.

③ 고대 이집트에서 전래한 헤나(붉은색)와 카모마일(짙은 밤색)이라는 식물이 있다.

④ 염색시간이 오래 걸리고 지나치게 짙은 색상이어서 부자연스럽다.

⑤ 헤나는 탄닌을 함유하고 있으므로 시술 후 모발이 조금 뻣뻣해지는 현상이 있다.

1) 특징

- 뜨거운 물과 파우더를 섞어서 바른다.
- 진행 시간은 30분을 넘겨도 무방하다.
- 모발에 윤기와 영양을 준다.

• 머리 색상을 밝게 하지 못한다.
• 퍼머넌트 웨이브, 로션의 침투를 막아 성공적인 웨이브를 만들기 어렵다.

그림 2-19 식물성 염모제

(5) 금속성 염모제 [29)]

금속성 염모제로는 아연, 철, 카드뮴, 구리 등의 염료가 있지만, 이러한 금속들은 대부분이 유독 성분을 가지고 있으므로 사용을 금하고 있다.

콜드 웨이브제 침투가 어렵기 때문에 퍼머넌트 웨이브 시 컬이 잘 나타나지 않는 결점이 있으며 현재 사용하지 않는 편이다.

11. 산화제

(1) 산화제의 정의 [30)31)]

산화제는 모피질 층에 있는 멜라닌 색소를 파괴하면서 염료가 들어갈 수 있는 공간을 만들어 원하고자 하는 색상을 착색 시켜 주는 역할을 해준다. 과산화수소는 물과 산소로 구성되며 %로 말할 때는 100g의 용액에 과산화수소가 얼마나 있는가를 의미한다.

볼륨(Volume)은 부피의 단위이며, 과산화수소에 함유된 산소의 양을 의미한다. 즉, 6%의 산화제 속에는 20배에 해당하는 산소가 들어 있고, 9%의 산화제 속에는 30배에 해당하는 산소가 들어 있다. 12%의 산화제 속에는 40배에 해당하는 산소가 들어 있기 때문에 모발을 산화시킨다.

(2) 산화제의 종류

강도	볼륨	작용
3%(H_2O+O)	10vol	• 어두운 컬러착색에 용이 • 백모염색 또는 톤다운 • 모발 손상이 적음 • 밝은 모발에 사용시 깊이감 있는 반사빛 표현 • 블리치 모발에 색소 착색
6%(H_2O+O)	20vol	• 1~2레벨 음영을 높일 때 • 백모염색 또는 톤다운 • 동일 명도에 반사 빛 부여 • 다양한 색상을 표현 할 때 • 탈색과 착색이 동시에 이루어짐
9%(H_2O+O)	30vol	• 2~3레벨 음영을 높일 때 • 탈색 작용이 큼 • 백모커버력 저하 • 20vol 보다 모발 손상이 큼
12%(H_2O+O)	40vol	• 3~4레벨 음영을 높일 때 • 탈색 작용이 큼 • 색소 발색력이 없음 • 30vol 보다 모발 손상이 큼 • 두피에 화상을 입을 수도 있으므로 사용 시 주의

(3) 염모제 혼합 시 산화제의 양과 농도의 관계

- 산화제 양이 많으면 1제의 색상이 희석되며, 퇴색이 빠름
- 산화제 양이 적으면 모발이 불충분하게 밝아지며, 색상 표현이 제대로 안 된다.

3. 탈색이론

1. 탈색의 정의

탈색이란 모피질 층에 존재하는 자연색소 또는 인공색소를 산화제에 의해 분해해 제거함으로써 모발의 색을 낮은 명도에서 높은 명도로 변화시키는 것을 말한다.

즉, 어두운 모발을 밝은색 모발로 변화시킨다.

탈색제의 알칼리제는 모표피를 연화 · 팽창 시켜 산화제 침투를 쉽게 하는 작용을 한다. 모피질 내로 침투한 산화제는 산소를 발생 시켜 유색의 멜라닌 색소가 무색의 옥시 멜라닌으로 산화되도록 하는데, 이는 인공색소 형성만 빼면 그 원리가 영구적 염색과 같다.

2. 탈색제의 구성성분

(1) 과산화수소

① 주성분 : 과황산나트륨, 과황산칼륨, 과황산암모늄, 과황산망간, 과황산바륨 등

② 작용 : 산소를 발생하여 모발 내 색소를 파괴하여 탈색시키고 모발의 손상을 유발시킨다.

(2) 알칼리제

① 주성분 : 암모니아, 모노에탄올아민 추가, 암모니아, 모노에탄올아민 비교

② 작용 : 모표피를 연화 · 팽윤시켜 탈색제가 모피질로 침투하도록 하며 산화제의 분해를 촉진하여 산소 발생을 돕는다. 또한, pH 조절 작용을 한다.

3. 탈색제의 종류[32)33)]

탈색제의 종류로는 분말 탈색제, 오일 탈색제, 크림 탈색제가 있다.

(1) 탈색제의 종류에 따른 장·단점

	역 할	비 고
분말 탈색제	• 탈색 속도가 빠르다. • 높은 명도까지 탈색할 수 있다. • 가격이 저렴하다.	• 모발 건조 등의 손상이 심하다. • 두피에 접촉성 피부염 유발 등 자극이 될 수 있다. • 지나치게 탈색될 수 있다. • 시술 과정 중 탈색제가 건조되어 탈색 진행에 방해가 될 수 있다.
오일 탈색제	• 모발손상이 비교적 적다. • 두피 자극이 거의 없다. • 탈색제가 잘 건조되지 않는다. • 탈색 정도를 보면서 시술할 수 있다. • 샴푸로 감기가 편리하다.	• 탈색 속도가 느리다. • 높은 명도까지 탈색하기 어렵다. • 모발에 도포된 양을 분간하기 어렵기 때문에 과다하게 바를 수 있다.
크림 탈색제	• 모발손상이 비교적 적다. • 약제가 바르기 편한 성상이라 시술하기가 쉽다. • 탈색제 도포된 양을 확인하기 쉽다. • 탈색제가 잘 건조되지 않기 때문에 시차로 명도 확인만 하면 된다.	• 매우 높은 명도까지 탈색하기는 어렵다. • 탈색 진행 정도를 확인하기 어렵다. • 샴푸로 감기가 힘들다.

4. 모발의 산화 과정

모발 색소의 산화에 의해 탈색 과정이 일어난다. 먼저 흑색과 갈색 색소가 탈색제의 산화 과정을 거치면 붉은 색소를 가지게 되고, 붉은 색소는 산화 과정을 거쳐 노란빛이 남게 된다.

5. 탈색제 시술 시 주의사항

① 탈색은 30분이 지나면 그 진행 속도가 현저하게 떨어진다. 그러므로 원하는 탈색의 결과가 나오지 않았을 경우에는 모발에 도포된 탈색제를 헹구고 탈색제와 산화제를 새로 혼합해 사용한다.

② 두피에 상처가 있는 경우에는 시술하지 않는다.

③ 시술자는 반드시 고무장갑을 끼고 시술한다.

④ 탈색 시술 전에는 샴푸나 브러싱을 너무 자극되게 하지 않는다.

⑤ 탈색제와 산화제는 적당한 양을 사용 직전에 혼합하고 사용하고 남은 약제는 버린다.

⑥ 탈색 시술이 끝나도 모발 내에 남아 있는 과산화수소에 의해 색상이 더 밝아질 수 있다.

4. 염색도구

① 염색보

염모제가 옷이나 피부에 묻는 것을 방지할 목적으로 사용한다.

그림 2-20 염색보

② 염색 볼(bowl)

염모제나 탈색제 1제와 2제 혼합에 사용되거나 시술 시 용기에서 약액을 덜어서 사용할 때 이용된다.

그림 2-21 염색볼

③ 염색 브러시(brush)

염모제나 탈색 시 약제를 모발에 바를 때 사용된다.

④ 비닐 캡(vinyl cap)

염모제나 탈색제를 바른 후 건조 방지 목적으로 사용한다.

그림 2-22 염색 브러시

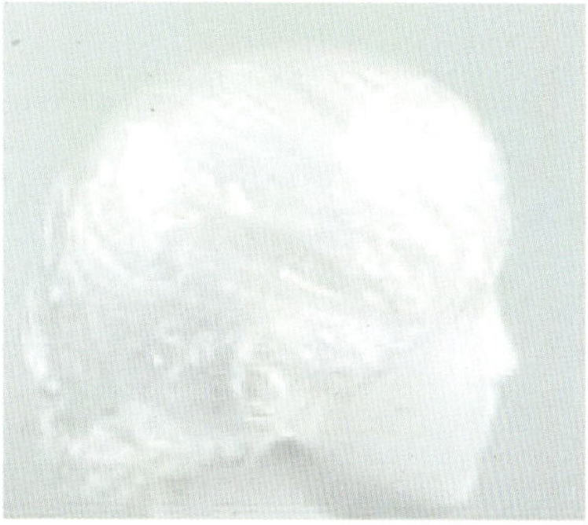

그림 2-23 비닐 캡

⑤ 이어 캡(ear cap)

염모제가 귀나 귀 주변에 묻는 것을 방지한다. 특히, 반영구적 염모제나 백모 커버 염색 시술 시에는 피부에 잘 착색되어 지워지지 않으므로 이어 캡을 반드시 사용하는 것이 좋다.

⑥ 염색짜개

염모제를 짜는 데 사용하는 것으로 사용할 양을 조절할 수 있어 시술할 때 편리하다.

⑦ 장갑

손에 염색약이 묻으면 잘 지워지지 않을 뿐만 아니라 염증을 유발할 수 있으므로 장갑을 반드시 착용해야 한다.

그림 2-24 이어 캡

그림 2-25 염색짜개

그림 2-26 장갑

⑧ 수건

염색 중 염색약이 흘러내리거나 옷에 묻을 시 닦아 준다.

⑨ 꼬리 빗

블로킹을 하거나 염모제와 탈색제 도포에도 사용한다.

⑩ 포일

슬라이스 테크닉, 하이라이트, 로우라이트 테크닉에 사용한다.

그림 2-27 포일

⑪ 핀셋

염색 시 섹션을 나누는 역할을 하며, 특히 두부 아래 부분 작업 시 긴 머리를 올려놓거나 얇은 모발을 고정할 때 유용하다.

그림 2-28 핀셋

⑫ 타이머

염색약은 도포 후 방치시간을 정확히 지키는 것이 매우 중요하다.

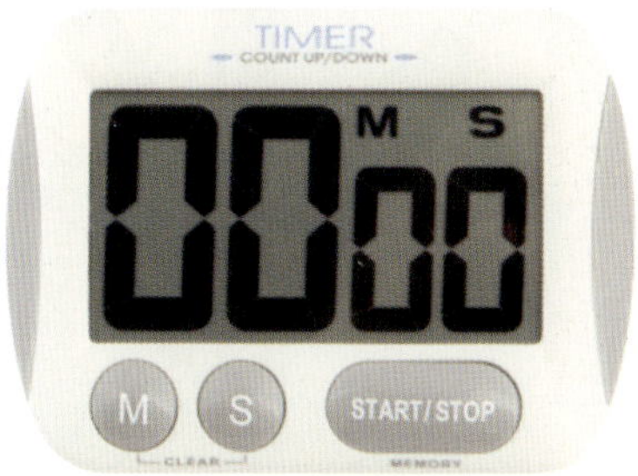

그림 2-29 타이머

⑬ 전자저울

1제와 2제의 염모제 비율을 위해 사용한다.

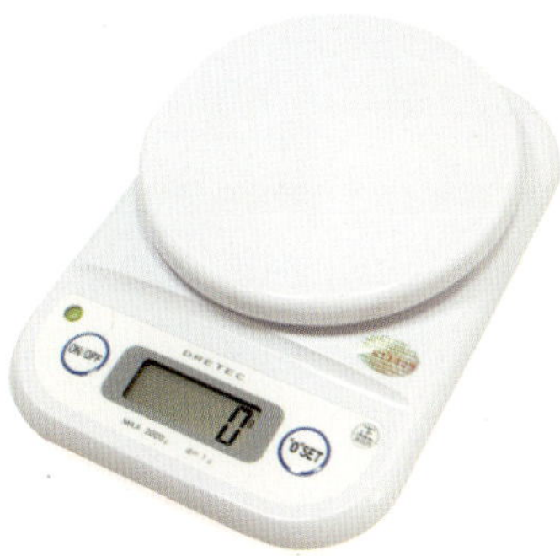

그림 2-30 전자저울

⑭ 가온기

염색의 발색을 돕기 위한 용도로 사용한다.

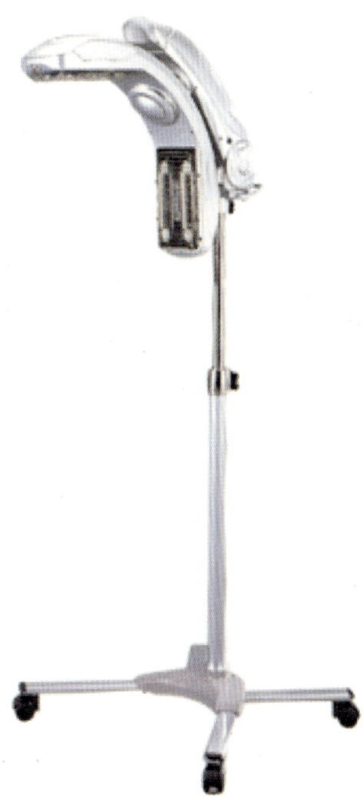

그림 2-31 가온기

⑮ 그 밖의 재료들

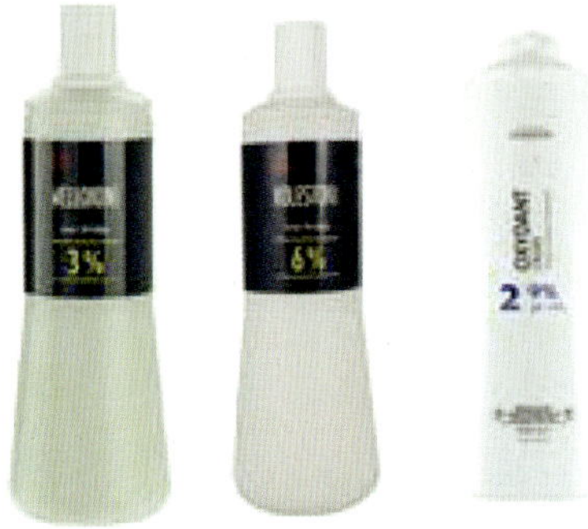

그림 2-32 산화제

그림 2-33 영구 염모제

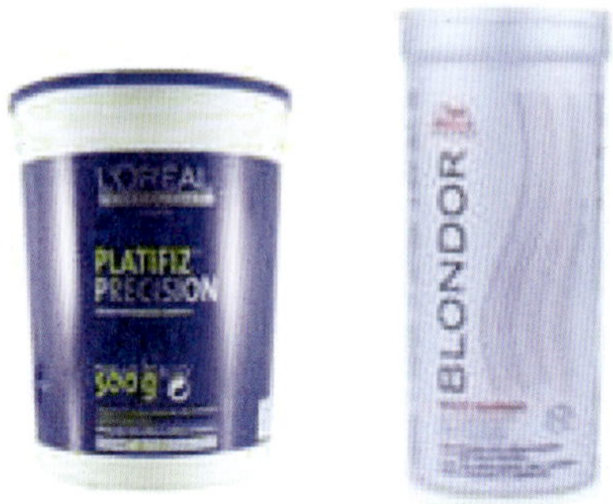

그림 2-34 탈색제

그림 2-35 산성 염모제

5. 색의 이해

1. 빛과 색 [34)]

헤어 컬러리스트는 빛과 색의 성질에 대한 지식을 갖춰야 한다. 색채는 빛이 없으면 보이지 않기 때문에 색채와 빛의 영향은 매우 중요하다.

색채는 빛의 현상이며 자연에서 이러한 현상은 무지개를 통해 나타나는데, 무지개는 햇빛이 빗방울을 통과하면서 무지개색이 나타나는 현상이다. 아이작 뉴턴은 백광을 프리즘에 통과시켜 이러한 현상을 다시 만들어 내는 데 성공하여 무지개에서 보는 것과 같은 색채를 볼 수 있었다. 무지개나 프리즘을 우리가 실제로 보는 것은 하나의 물체로서, 그 물체의 분자구조가 한 가지 색채(우리가 보는 색상)를 반사하고, 다른 나머지 색채를 흡수하는 것이다.

2. 모발과 색소[35]

(1) 자연색소

멜라닌 색소는 사람이 가지고 있는 자연색소로 그 유형별 형태에 따라 겉으로 드러나는 모발의 색소, 강도, 색의 밝기 등이 다양하게 나타나는 것을 말하고, 색소는 모발을 착색시킬 뿐만 아니라 두피를 과도한 자외선으로부터 보호하는 중요한 역할을 한다. 또한, 개개인의 유전적인 요인과 환경, 그리고 모발 성질의 패턴에 의해 다르게 나타난다.

(2) 인공색소

모든 색채 제품들은 다양한 인공색소를 포함하고 있다. 이러한 인공색소는 산화제와 혼합되면 염료로 바뀌면서 여러 가지 색으로 나타난다. 각 색소를 서로 비율을 달리하여 혼합하면 다양한 색상을 만들 수 있다.

3. 색의 기본 구성[36][37]

(1) 색의 분류

1) 무채색(Achromatic color)

흰색, 회색, 검은색과 같이 명도, 즉 밝고 어두운 정도의 차이로만 구분되고 색상 또는 채도가 없는 색을 무채색이라고 한다.

각 물체에서 반사되는 정도에 따라 명암 단계를 구분한다. 흰색은 모든 색을 흡수하지 않은 상태이며, 검은색은 모든 색을 다 흡수한 상태를 말한다.

2) 유채색(Chromatic color)

무채색을 제외한 모든 색을 유채색이라고 하며, 색의 3속성인 색상, 명도, 채도를 모두 가지고 있다.

(2) 색의 3속성

1) 색상(Hue)

색명으로 구별되는 모든 색을 말하며, 감각으로 느낄 수 있는 특징을 갖추고 유채색이 갖는 고유한 색의 이름이라고 할 수 있으며, 흥분이나 진정과 같은 감정적인 효과도 있다.

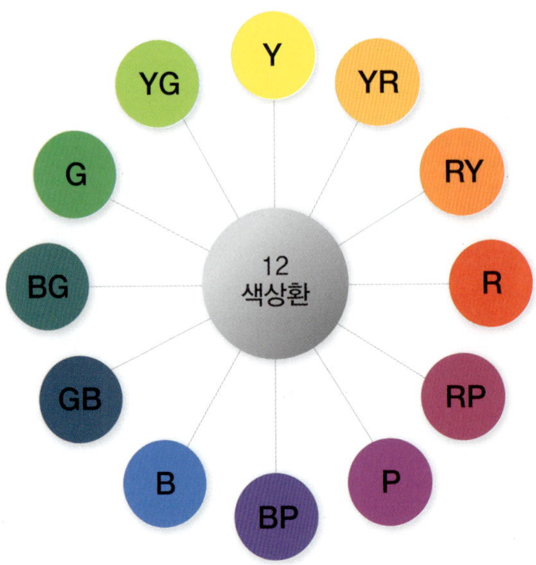

그림 2-36 12색상환

2) 명도(Value)

무채색(백색, 회색, 흑색)과 유채색은 밝음과 어두움을 가지고 있는데, 이 밝기의 정도를 명도라고 한다. 백색에 가까울수록 명도는 높고, 흑색에 가까울수록 명도는 낮다고 한다. 또, 색의 무게감에 큰 영향을 주고 1단계(어두운 색)부터 10단계(밝은 색)까지로 그 밝고 어두움을 표시한다.

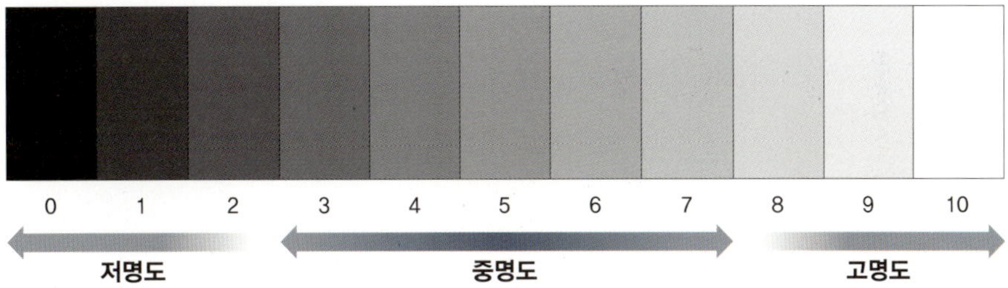

3) 채도(Chroma)

색의 강약이며, 맑기인데 선명도라고 한다.

어떤 색상의 순색에 무채색의 포함량이 많을수록 채도가 낮아지고 포함량이 적을수록 채도가 높아진다. 색상에서 무채색의 포함량이 가장 적은 색을 순색, 채도가 낮은 색을 탁색이라고 한다. 채도가 높고 강한 색은 고채도의 색, 낮은 색은 저채도의 색, 중간쯤 되는 색은 중 채도의 색이라고 한다.

(3) 색의 혼합

1) 1차색, 2차색, 3차색

① 1차색(기본색)

색의 3원색은 빨강(Red), 노랑(Yellow), 파랑(Blue)이며, 이를 혼합되지 않은 순수한 색, 즉 1차 색이라고 하며, 이 3원색을 다양한 비율로 혼합하여 2차, 3차 색을 포함한 다양한 색상을 만들어 낼 수 있다.

그림 2-37 1차색 : Red, Yellow, Blue

② 2차색(보충색)

1차색 중 두가지 색상이 동일 비율(1 : 1)로 혼합되어 나타나는 색상을 2차색이라 한다. 2차색은 주황(Orange), 녹색(Green), 보라(Violet)색이다.

그림 2-38 2차색 : Orange, Green, Violet

③ 3차색

1차색과 2차색이 각각 1 : 1의 비율로 혼합되면 만들어 지는 색상이다.

3차색은 붉은 주황(RO), 연한 주황(YO), 연두(YG), 청록(BG), 자주(RV), 청보라(BV) 색이다.

그림 2-39 3차색(1) : Yellow-Orange, Yellow-Green, Green-Blue

그림 2-40 3차색(2) : Red-Orange, Red-violet , Blue-Violet

2) 유사색

색상, 명도, 채도의 속성 차이가 적은 색을 말하며, 바로 옆에 인접해 있는 색상을 말한다.

3) 반대색

색상환에서 가장 먼 색 또는 반대편에 있는 색을 말한다.

4) 보색

상반되는 위치에 있는 색상을 보색 관계라고 한다. 보색끼리 같은 양으로 섞으면 갈색(중화)이 된다.

머리카락의 붉은 계통을 지우고 싶으면 녹색을, 노란 계통을 지우고 싶으면 보라색을, 주황을 지우고 싶으면 파란색을 바른다. 그러면 색이 지워져서 갈색으로 중화된다.

5) 색상의 중화

특정 반사 빛을 없애고, 갈색 계열로 변화 시키는 것을 말한다. 색상을 중화하기 위해서는 보색계열의 반사 빛을 사용하고, 반사 빛의 강도를 일치 시키야 한다. 보색을 첨가하면 명도와 채도가 낮아짐으로 유의해야 한다.

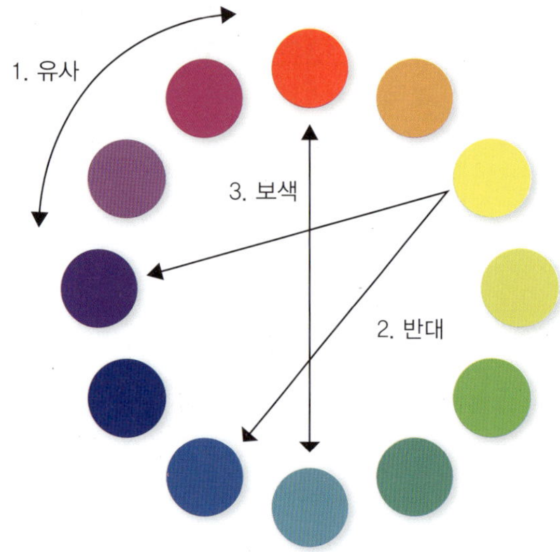

그림 2-41 보색관계도

6) 색의 혼합

색의 혼합이란 다른 속성을 가진 색을 이용하여 다른 색감을 만드는 것을 말한다.

가법혼합과 감법혼합

가법혼합(+)은 빨강(R), 초록(G), 파란(B)색인 빛의 3원색으로 빛을 더하여 얻게 되는 원리로 색을 섞으면 섞을수록 선명하고 밝아지며 이를 모두 혼합하면 백색이 나온다.

감법혼합(–)은 마젠타(Magenta), 노랑(Yellow), 시안(Cyan) 색료인 3원색으로 혼합하면 할수록 순색의 강도가 약해져서 원래의 색보다 어두워 보이고, 삼원색을 모두 혼합하면 검은색에 가까운 색이 나온다.

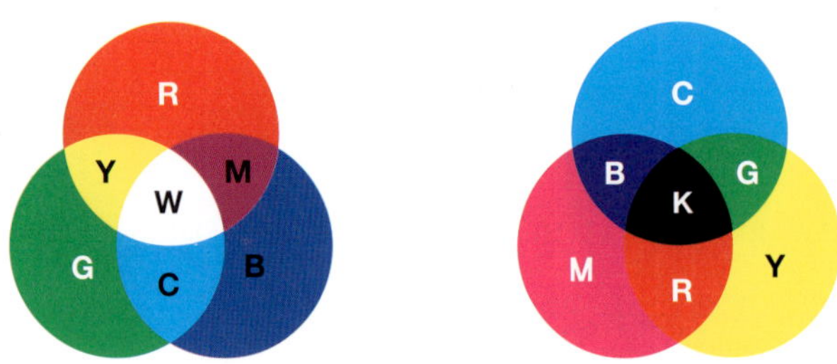

그림 2-42 R+G+B=White(가산혼합), M+Y+C=Black(감법혼합)

단원 평가

(1) 모발의 성장주기에 대해 서술하시오.

(2) 모간부 구조에 대해 서술하고, 염색에 영향을 미치는 부분은 어디인지 쓰시오.

(3) 멜라닌 색소 종류에 대해 쓰고 그 차이점을 서술하시오.

(4) 산화제, 탈색제, 염모제의 pH를 쓰시오.

(5) 일시적 염모제, 반영구 염모제, 영구 염모제의 차이점을 서술하시오.

(6) 모발 염색에 영향을 주는 요인을 쓰시오.

단원 평가

(7) 산화제 종류에 대해 쓰고 각각에 대해 서술하시오.

....

....

....

(8) 모발의 물리적 특성에 대해 서술하시오.

....

....

....

(9) 패치테스트에 대해 서술하시오.

....

....

....

(10) 염색제의 번호 체계이다. (　　　　) 안에 들어갈 알맞은 단어는?

6. 26 = (　　　　　). (　　　　　) (2차 반사빛)

(11) 백모(흰머리) 염색 도포방법과 멋내기 염색 도포방법의 차이점을 서술하시오.

....

....

....

단원 평가

(12) 모세혈관에 관한 설명으로 알맞은 것을 고르시오.

① 근육과 같은 부분으로 신경계의 지시에 따라 수축한다.

② 땀을 분비하여 체온을 조절한다.

③ 교환 작용이 이루어지면서 영양소를 공급한다.

④ 모발을 둘러싸고 있는 주머니라고 한다.

(13) 기모근에 관한 설명으로 알맞은 것을 고르시오.

① 수축되면 모낭이 잡아당겨 머리카락이 서게 된다.

② 수많은 세포와 중심핵으로 이루어진 주머니로 피지를 분비한다.

③ 모세혈관을 통해 영양분을 공급시켜 주는 역할을 한다.

④ 모유두를 통하여 영양공급을 받아 모발의 성장이 이루어지는 곳이다.

(14) 모유두에 관한 설명으로 알맞은 것을 고르시오.

① 모발을 둘러싸고 있는 주머니라고 한다.

② 땀을 분비하여 체온조절을 한다.

③ 가스와 영양부의 교환 작용이 이루어지면서 영양소를 공급한다.

④ 수많은 혈관의 조직과 세포로 구성되어 있으며, 모세혈관을 통해 들어온 영양소를 공급시켜주는 역할을 한다.

(15) 모표피의 특징이 아닌 것을 고르시오.

① 인종에 따라 평균 3~10겹으로 이루어져 있다.

② 모발에서 가장 넓은 층이다.

③ 모발의 가장 겉표면이다.

④ 반투명 비늘 모양이다.

단원 평가

(16) 모피질의 특징이 아닌 것을 고르시오.

① 전체 모발의 75%~85%를 차지하고 있다.

② 멜라닌 색소를 함유하고 있다.

③ 보온 절연 기능을 한다.

④ 단백질 결합 구조이다.

(17) 모수질의 특징이 아닌 것을 고르시오.

① 공기를 함유하고 있다.

② 벌집모양의 다각형 세포가 종 방향으로 나열되어 있다.

③ 단절된 형태로 존재하며 아예 존재하지 않는 경우도 있다.

④ 두발의 가장 안쪽 부분에 위치해 있다.

(18) 괄호 안에 들어갈 알맞은 내용을 적으시오.

멜라노사이트에 있는 아미노산의 일종인 티로신(tyrosine)은 (　　　　　)라는 효소에 의해 산화, 중합반응을 일으켜 멜라닌을 형성한다.

(19) 멜라닌 구성 색상이 아닌 것을 고르시오.

① 파랑　　② 검정　　③ 빨강　　④ 노랑

(20) 유멜라닌(Eumelanin)에 대한 설명으로 틀린 것을 고르시오.

① 색상은 적색에서 옅은 노란색 색소이다.

② 흑인의 피부, 모발 색에 주로 나타난다.

③ 쌀 모양의 과립형이다.

④ 표피 전층에 분포되어 있다.

단원 평가

(21) 멜라닌 색소가 제거되는 순으로 알맞은 것을 고르시오.

① 파랑–노랑–빨강

② 노랑–빨강–파랑

③ 빨강–파랑–노랑

④ 파랑–빨강–노랑

(22) 괄호안에 들어갈 알맞은 내용을 적으시오.

멜라닌 색소는 입자형 멜라닌 색소와 분사형 멜라닌 색소로 구성되어 있다. 입자형 멜라닌 색소는(　　　　)계열이며, 분사형 멜라닌 색소는 (　　　　) 계열이다.

(23) 모발의 결합구조가 아닌 것을 고르시오.

① 주쇄결합　② 측쇄결합　③ 탄소결합　④ 폴리펩타이드 결합

(24) 모발의 성장주기로 알맞은 것은?

① 성장기–퇴행기–휴지기

② 퇴행기–휴지지–성장기

③ 휴지기–성장기–퇴행기

④ 성장기–휴지기–퇴행기

(25) 괄호 안에 들어갈 알맞은 내용을 적으시오.

모발을 태워 나온 성분을 바탕으로 구성 물질을 추정해 보면 케라틴이라는 단백질의 기본원소인 (　　　), (　　　), (　　　), (　　　), (　　　)기본원소 외에 모발 색에 어떠한 역할을 하는 것으로 추정되는 다양한 금속 성분들이 남은 재에서 검출된다.

단원 평가

(26) 괄호 안에 들어갈 알맞은 내용을 적으시오.

(　　　　　)은 30% 이상의 높은 시스틴을 함유하고 있으며, 약품에 대한 저항이 가장 강한 층으로 딱딱하기 때문에 물리적인 작용에 약하다.

(27) 괄호 안에 들어갈 알맞은 내용을 적으시오.

정상모발의 수분함유량은 (　　　　)정도이며, 일반적으로 샴푸 직후에는 (　　　), 블로우 드라이로 완전히 건조한 후에는 모발이 (　　　)정도의 수분을 함유한다.

(28) 괄호 안에 들어갈 알맞은 내용을 적으시오.

모발의 pH는 모발 중에 함유 된 수분의 pH를 말하는 것으로 pH 7은 (　　　　), pH 7을 초과하면 (　　　　), pH 7 미만이면 (　　　　)이라고 한다.
모발의 pH는 (　　　　　　)의 약산성이다.

(29) 영구적 염모제 설명으로 틀린 것을 고르시오.

① 암모니아를 포함한 산화 염모제이다.
② 자연색소를 탈색 시키고 인공색소를 착색시킨다.
③ 모표피 층을 뚫고 침투하여 모수질까지 들어간다.
④ 모발의 손상을 일으킬 수 있다.

(30) 산화제에 대한 설명으로 틀린 것을 고르시오.

① 10vol 산화제는 새치, 백모염색 시 사용한다.
② 20vol 한번 염색 시 3~4레벨 정도 밝게 할 경우 사용한다.
③ 30vol 하이라이트 기법이나 가발의 염색, 탈색에 사용한다.
④ 40vol 두피에 닿으면 화상의 우려가 있다.

단원 평가

(31) 색의 혼합 중

1차색은 (　　　　　), (　　　　　), (　　　　　)
2차색은 (　　　　　), (　　　　　), (　　　　　)
3차색은 (　　　　　), (　　　　　), (　　　　　)
(　　　　　), (　　　　　), (　　　　　)

(32) 색의 3속성에 대해 서술하시오.

....

....

....

(33) 보색에 대해 서술하시오.

....

....

....

(34) 무채색과 유채색에 대해 서술하시오.

....

....

....

....

단원 평가

(35) 빛과 색에 대해 서술하시오.

(36) 자연색소와 인공색소에 대해 서술하시오.

(37) 가법혼합과 감법혼합에 대해 서술하시오.

MEMO

능력단위 명칭	헤어컬러 분석
능력단위 정의	헤어컬러분석이란 헤어피스에 염모제와 탈색제를 사용하여 다양한 색으로 표현된 헤어스와치로 차트를 완성하는 능력이다.

능력단위 요소	수 행 준 거
블리치 레벨차트 만들기	• 블리치 명도에 따라 2제의 농도(%)를 선택하여 배합할 수 있다. • 헤어 스와치에 블리치 제품을 도포할 수 있다. • 블리치 명도에 따라 처리시간을 결정하고 가온기를 사용할 수 • 있다. • 블리치 명도에 따라 10레벨의 블리치 레벨차트를 만들 수 있다. • 고객의 모발 색과 희망색의 명도(레벨)를 분석하여 고객염색차트를 작성할 수 있다.
	지 식 • 색채의 이해와 색상환에 관한 지식 • 탈색의 원리와 모발에 관한 지식 • 블리치 제품의 특징과 2제의 원리 • 염모제의 종류와 사용법에 관한 지식 • 블리치 제품의 작용과 온도에 관한 지식 기 술 • 색의 명도와 채도를 분석하는 능력 • 블리치 제품을 선택하고 배합하는 기술 • 모발의 명도에 따라 처리시간을 결정하는 능력 • 모발의 명도에 따라 가온기를 사용하는 능력 • 10레벨의 블리치 명도를 만들 수 있는 기술 • 고객모발의 자연컬러를 분석하고 희망컬러를 상담하는 능력 • 고객의 염 · 탈색과정을 차트로 작성할 수 있는 능력
	태 도 • 블리치제를 안전하고 정확하게 사용하려는 노력 • 도포법에 따른 탈색결과를 확인하는 태도 • 자연처리와 가온기 적용시간을 준수하는 태도 • 주변을 정돈하고 도구를 청결하게 정리하는자세 • 제품의 정량사용으로 자원낭비와 환경오염을 최소화하려는 노력
헤어컬러 색상환 만들기	• 헤어 스와치에 반영구 염모제 1차색을 도포할 수 있다. • 헤어 스와치에 반영구 염모제를 혼합하여 2차색과 3차색을 도포할 수 있다. • 헤어 스와치에 반영구 염모제와 영구 염모제의 한색과 난색을 도포할 수 있다. • 처리 후 세척하여 헤어컬러 색상환(헤어컬러차트)을 만들 수 있다. • 고객의 희망색을 분석하여 염모제를 선택하고 고객염색차트를 작성할 수 있다.
	지 식 • 색채의 이해와 색상환에 관한 지식 • 염색과 탈색의 원리와 모발에 관한 지식 • 염모제의 종류와 사용법에 관한 지식 • 색의 혼합과 도포에 관한 지식 • 염모제의 사용과 가온에 관한 지식

능력단위 요소	수 행 준 거
헤어컬러 색상환 만들기	기 술 • 염모제의 종류를 구분하는 능력 • 염모제의 색상을 구분하고 도포하는 기술 • 염모제를 혼합하여 반사색을 만드는 기술 • 처리시간을 결정하고 가온기를 사용하는 능력 • 반영구 및 영구 염모제의 헤어컬러 색상환을 만드는 능력 • 고객의 희망 색을 분석하여 정확한 염모제를 택하는 능력 • 고객의 염 · 탈색과정을 차트로 작성할 수 있는 능력
	태 도 • 염모제를 안전하고 정확하게 사용하려는 노력 • 자연처리와 가온기 적용시간을 준수하는 태도 • 주변을 정돈하고 도구를 청결하게 정리하는 자세 • 색의 혼합과 도포법에 따른 염색결과를 확인하는 태도 • 제품의 정량사용으로 자원낭비와 환경오염을 최소화하려는 노력
헤어컬러 보색 중화하기	• 헤어컬러 스와치의 염색색상을 중화하는 염모제색을 결정할 수 있다. • 염모제를 도포하고 처리시간을 결정할 수 있다. • 보색의 중화결과인 갈색을 확인할 수 있다. • 헤어컬러 스와치를 세척하여 보색 중화차트를 만들 수 있다. • 고객의 염색색상을 분석하고 보색염모제를 선택하여 고객염색차트를 작성할 수 있다.
	지 식 • 색채와 보색에 관한 지식 • 색의 혼합과 도포에 관한 지식 • 보색을 혼합하여 무채색을 만드는 원리 • 염모제의 사용과 가온에 관한 지식
	기 술 • 헤어컬러를 중화하는 보색 선택 능력 • 염모제의 색상을 선택하고 도포하는 기술 • 보색을 이용해서 모발색상을 중화하는 기술 • 염모제를 도포하고 처리시간을 결정하는 능력 • 보색의 중화결과인 갈색을 확인하고 마무리하는 능력 • 염색 색상의 중화를 위한 보색 염모제를 선택하는 능력
	태 도 • 고객의 염 · 탈색과정을 차트로 작성할 수 있는 능력 • 염모제를 안전하고 정확하게 사용하려는 노력 • 자연처리와 가온기 적용시간을 준수하는 태도 • 주변을 정돈하고 도구를 청결하게 정리하는 자세 • 색의 도포법에 따른 염색결과를 확인하는 태도 • 제품의 정량사용으로 자원낭비와 환경오염을 최소화하려는 노력

베이직 헤어컬러링 <실습 준비물>

- 반영구 염모제(산성 컬러) : 빨간색, 노란색, 파란색
- 영구 염모제 : 1, 3, 5, 8, 9, 12레벨 (명도별 염모제)
  7, 8레벨 (매트와 레드 염모제)
- 탈색제
- 산화제 : 3%, 6%, 9%
- 명도별 헤어 스와치
- 염색 볼, 염색 솔, 장갑, 핀셋, 포일, 분무기, 드라이기, 염색보, 이어 캡, 수건
- 전자저울
- 인모가발
- 물(종이컵), 샴푸
- 가위, 칼, 스카치 테이프

Chapter 3

탈색 실습

- 2주 블리치 레벨 차트 만들기
- 3주 산화제 농도에 따른 차트 만들기
- 4주 탈색제 비율에 따른 차트 만들기

Chapter 3 탈색 실습

2nd week

블리치 레벨 차트

블리치 레벨 차트 만들기

학습 내용(단원명)	수업 목표
블리치 레벨 차트 만들기	• 헤어 스와치에 시술 시간과 시술 횟수에 따른 블리치 레벨을 수행할 수 있다.

실습목적
탈색의 시술 시간에 따른 변화와 시술 횟수에 따른 변화를 알 수 있다.
탈색제 배합 및 도포 방법
• 탈색 시술 시간에 따른 변화 : 탈색제와 산화제를 1:1비율로 스와치에 도포하고 15분, 30분, 50분씩 방치시간을 두고 발색되는 변화를 확인한다. • 탈색 시술횟수에 따른 변화 : 탈색제와 산화제를 1:1비율로 스와치에 바르고 시술횟수를 1회, 2회, 3회에 걸쳐 발색되는 변화를 확인한다.
컬러 테스트 및 방치시간
각각 자연방치 시간은 30~40분이며 이후 결과색이 나왔는지 확인한다.
샴푸 후 건조
발색이 되면 샴푸하여 건조한 후 마무리한다.

시술 과정 및 결과

준비물

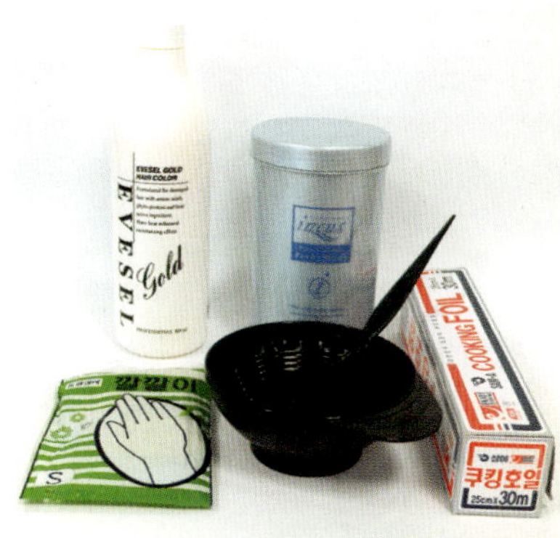

블리치 레벨 차트 만들기

	시간에 따른 변화			시술횟수에 따른 변화		
	15분	30분	50분	1회	2회	3회
결과						

시술 과정

시술 결과

블리치 레벨 차트 만들기

	시간에 따른 변화			시술횟수에 따른 변화		
	15분	30분	50분	1회	2회	3회
결과						

실습 과정 사진	
사진	설명

블리치 레벨 차트 만들기

	시간에 따른 변화			시술 횟수에 따른 변화		
	15분	30분	50분	1회	2회	3회
결과						

MEMO

3rd week

산화제 농도에 따른 차트 만들기

산화제 농도 차트

학습 내용(단원명)	수업 목표
산화제 농도에 따른 차트 만들기	• 헤어 스와치에 3%, 6%, 9%의 산화제에 따른 농도별 변화를 수행할 수 있다.

실습목적

탈색제 농도에 따른 변화를 알 수 있다.

탈색제 배합 및 도포 방법

• 산화제 농도에 따른 변화 : 탈색제에 3%, 6%, 9%의 산화제를 혼합하여 스와치에 바르고 발색되는 시간을 확인한다.

컬러 테스트 및 방치시간

각각 자연방치 시간은 30~40분이며 이후 결과 색이 나왔는지 확인한다.

샴푸 후 건조

발색이 되면 샴푸하여 건조한 후 마무리한다.

시술 과정 및 결과

준비물

시술 과정

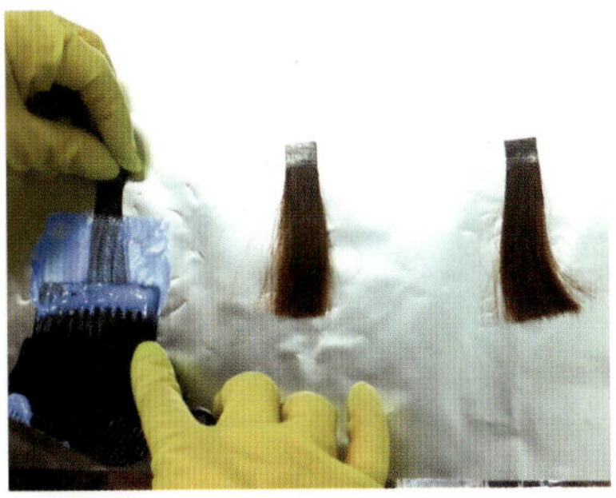

시술 결과

실습 과정 사진	
사진	설명

산화제 농도에 따른 차트 만들기

	3%	6%	9%
결과			

MEMO

Chapter 3 탈색 실습

4th week

탈색제 비율에 따른 차트 만들기

탈색제 비율 차트

학습 내용(단원명)	수업 목표
탈색제 비율에 따른 차트 만들기	• 헤어 스와치에 탈색제의 비율에 따른 모발의 탈색력 변화를 수행할 수 있다.

실습목적
탈색의 시술시간에 따른 변화와 시술 횟수에 따른 변화를 알 수 있다.
탈색제 배합 및 도포방법
• 탈색 시술시간에 따른 변화 : 탈색제와 산화제를 1:1, 1:2, 1:3으로 도포하고 탈색제1:산화제2:샴푸1, 탈색제1:산화제2:샴푸1:물1 의 비율로 혼합하여 도포하고, 그 변화를 확인한다.
컬러 테스트 및 방치시간
각각 자연방치 시간은 30~40분이며 이후 결과색이 나왔는지 확인한다.
샴푸 후 건조
발색이 되면 샴푸하여 건조한 후 마무리한다.

시술 과정 및 결과

준비물

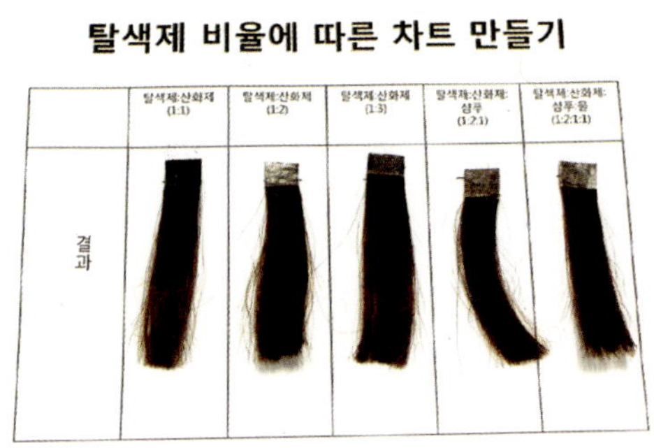

시술 과정

시술 결과

실습 과정 사진	
사진	설명

탈색제 비율에 따른 차트 만들기

	탈색제 : 산화제 (1 : 1)	탈색제 : 산화제 (1 : 2)	탈색제 : 산화제 (1 : 3)	탈색제 : 산화제 : 샴푸 (1 : 2 : 1)	탈색제 : 산화제 : 샴푸 : 물 (1 : 2 : 1 : 1)
결과					

Chapter 4

반영구 염모제 실습

- 5주 헤어컬러 색상환 차트 만들기
- 6주 명도별 한색과 난색 컬러 차트 만들기
- 7주 보색 중화 차트 만들기
- 8주 컬러 체인지 차트 만들기

Chapter 4 반영구 염모제 실습

5th week

헤어컬러 색상환 차트 만들기

헤어컬러 색상환 차트

학습 내용(단원명)	수업 목표
헤어컬러 색상환 차트 만들기	• 헤어 스와치에 1차색과 2차색 그리고 3차색을 도포하여 헤어컬러 차트를 수행할 수 있다.

실습목적

색의 3속성인 빨간색, 노란색, 파란색의 1차색을 가지고 2차, 3차색을 만들어 표현할 수 있다.

도포 방법

12개의 백모 피스에 산성 컬러인 빨간색, 노란색, 파란색인 3원색으로 각각 혼합한 후 1차색, 2차색과 3차색을 만들어 웨프트에 도포한다.

컬러 테스트 및 방치시간

각각 자연방치 시간은 30~40분이며, 이후 결과색이 나왔는지 확인한다.

샴푸 후 건조

발색이 되면 샴푸하여 건조한 후 마무리한다.

시술 과정 및 결과	
준비물	

시술 과정	
1차색	

2차색	

3차색	

시술 결과

실습 과정 사진	
사진	설명

실습 과정 사진	
사진	설명

헤어컬러 색상환 차트 만들기

헤어 스와치에 12색상환을 표현하시오.

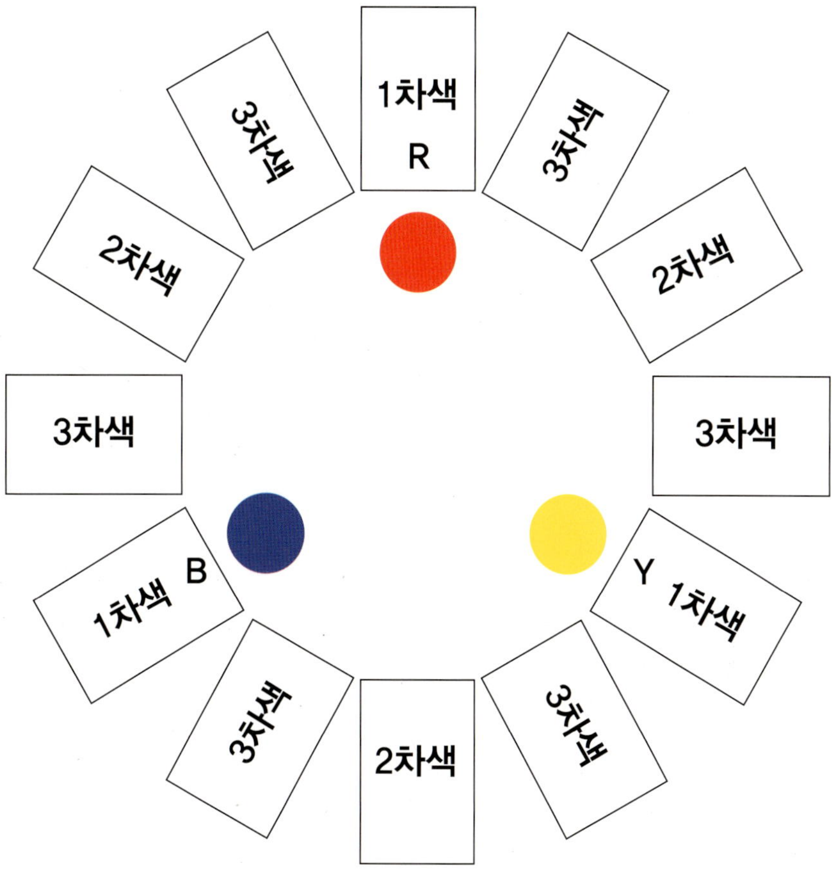

MEMO

6th week

명도별 한색과 난색

명도별 한색과 난색 컬러 차트 만들기

학습내용(단원명)	수업 목표
명도별 한색과 난색 컬러 차트 만들기	• 각기 다른 명도의 헤어 스와치에 동일색상인 한색과 난색을 도포하여 그 변화를 차트로 수행 할 수 있다.

실습목적

동일한 색상의 염모제를 사용하여 염색하더라도 모발의 명도에 따라 결과색이 다르게 표현되는 것을 알 수 있다.

도포 방법

각각 명도가 다른 반영구 염모제의 한색과 난색을 각각 도포하고 결과색을 비교한다. (위쪽 1cm 띄우고 도포)

컬러 테스트 및 방치시간

각각 자연방치 시간은 30~40분이며 이후 결과색이 나왔는지 확인한다.

샴푸 후 건조

발색이 되면 샴푸하여 건조한 후 마무리한다.

시술 과정 및 결과

준비물

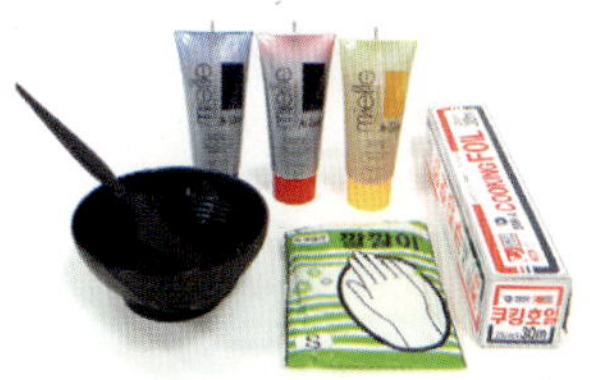

시술 과정

한색

난색

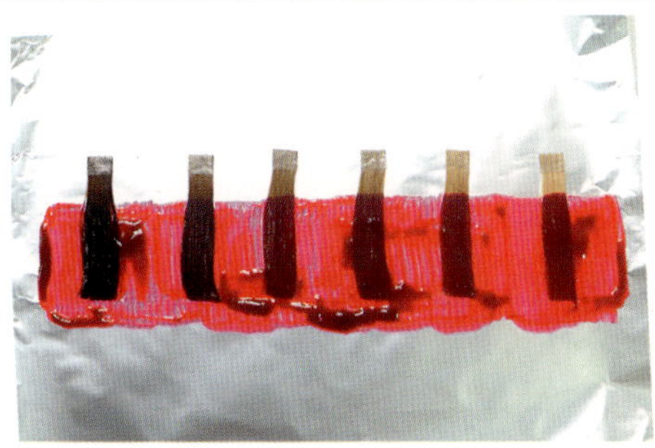

시술 결과

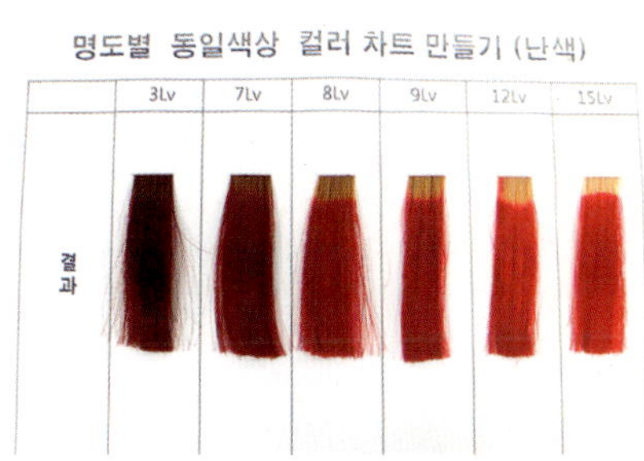

실습 과정 사진

사진	설명

명도별 동일색상 컬러차트 만들기(한색)

명도레벨	LV	LV	LV	LV	LV	LV
결과						

명도별 동일색상 컬러차트 만들기(난색)

명도레벨	LV	LV	LV	LV	LV	LV
결과						

MEMO

Chapter 4 반영구 염모제 실습

7th week

보색 중화 차트 만들기

보색중화 차트 만들기

학습 내용(단원명)	수업 목표
보색 중화 차트 만들기	• 보색의 의미를 알고 보색을 사용하여 원하지 않는 색을 중화하는 방법을 익히고 그 결과를 헤어 스와치에 수행할 수 있다.

실습목적

보색의 의미를 알고 보색을 사용하여 원하지 않는 색상을 중화하는 방법을 익힌다.

도포 방법

① 명도가 동일한 3개의 스와치에 반영구 염모제(Red, Blue, Yellow)를 각각 도포하고 결과색을 비교한다. (위쪽 1cm 띄우고 도포)

② 1차 시술이 끝난 염색된 스와치에 각각의 보색(Green, Orange, Violet)을 도포한 다음 자연방치 40분 후 플레인 샴푸하여 색상의 변화를 확인한다. (위쪽 1cm 띄우고 도포)

컬러 테스트 및 방치시간

각각 자연방치 시간은 40분이며 이후 결과색이 나왔는지 확인한다.

샴푸 후 건조

발색이 되면 샴푸하여 건조한 후 마무리한다.

시술 과정 및 결과

준비물

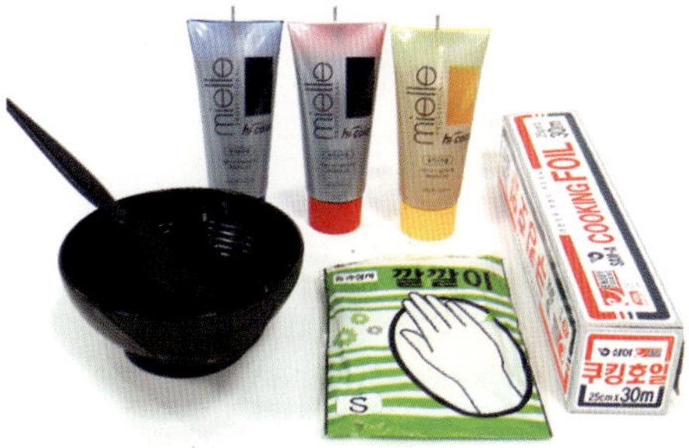

시술 과정

1차 도포

2차 도포(보색 컬러)

시술 결과

실습 과정 사진

사진	설명

보색 중화 차트 만들기

	Red → Green	Blue → Orange	Yellow → Violet
결과			

MEMO

Chapter 4 반영구 염모제 실습

8th week

컬러 체인지 차트

컬러 체인지 차트 만들기

학습 내용(단원명)	수업 목표
컬러 체인지 차트 만들기	• 원래의 색상을 제거하고 원하는 색상으로 염색하고자 할 때 원하는 색상이 표현되는 명도를 찾을 수 있으며 그 결과를 헤어 스와치에 수행할 수 있다.

실습목적
원래의 색상을 제거하고 원하는 색상으로 염색하고자 할 때 원하는 색상이 표현되는 명도를 찾을 수 있으며 그 결과를 헤어 스와치에 수행할 수 있다.
도포 방법
기존에 염색되어 있는 모발에 탈색제와 산화제를 혼합하여 도포한 후 기존 컬러를 연하게 지우고 원하는 컬러를 도포하여 발색을 확인한다.
컬러 테스트 및 방치시간
각각 자연방치 시간은 30~40분이며 이후 결과색이 나왔는지 확인한다.
샴푸 후 건조
발색이 되면 샴푸하여 건조한 후 마무리한다.

시술 과정 및 결과

준비물

시술 과정

1차 (컬러 도포)

2차 (컬러 빼기)

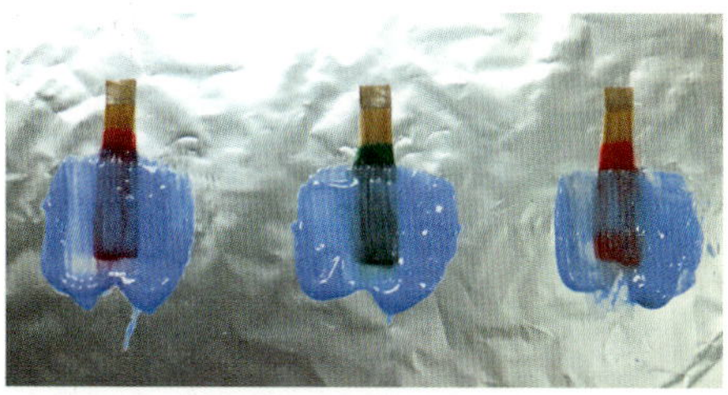

3차 (원하는 컬러 도포)

시술 결과

실습 과정 사진	
사진	설명

컬러 체인지 차트 만들기

	결과

Chapter 5

영구 염모제 실습

- 9주 명도별 차트 만들기(A, L, O, W사)
- 10주 명도별 한색과 난색 차트 만들기(A, L, O, W사)
- 11주 컬러 체인지 차트 만들기(스와치/인모)
- 12주 백모(흰머리) 염색 차트 만들기(A, L, O, W사)
  컬러 체인지(블랙빼기) 차트 만들기

Chapter 5 영구 염모제 실습

9th week

명도별 차트 만들기 (A, L, O, W사)

명도별 차트(회사별)

학습내용(단원명)	수업 목표
명도별 차트 만들기 (A, L, O, W사)	• 명도 3레벨 헤어 스와치에 영구 염모제를 도포하여 명도별 헤어 차트를 수행할 수 있다.

실습목적
명도 3레벨 헤어 스와치에 영구 염모제를 도포하여 명도별 헤어차트를 수행할 수 있다.
도포방법
3레벨의 스와치에 각기 다른 명도의 염모제를 도포하여 그 결과색을 비교한다.
컬러테스트 및 방치시간
각각 자연방치 시간은 30~40분이며 이후 결과색이 나왔는지 확인한다.
샴푸 후 건조
발색이 되면 샴푸하여 건조한 후 마무리한다.

※ 100%인모 모발을 헤어피스로 만들어 사용했습니다.
(피스제공해준 모델에게 동의서 받음)

※ 각 회사별로 염모제와 산화제 비율이 다르므로 회사별 설명서를 참고 하시기 바랍니다.

시술 과정 및 결과(A사)

준비물

시술 과정

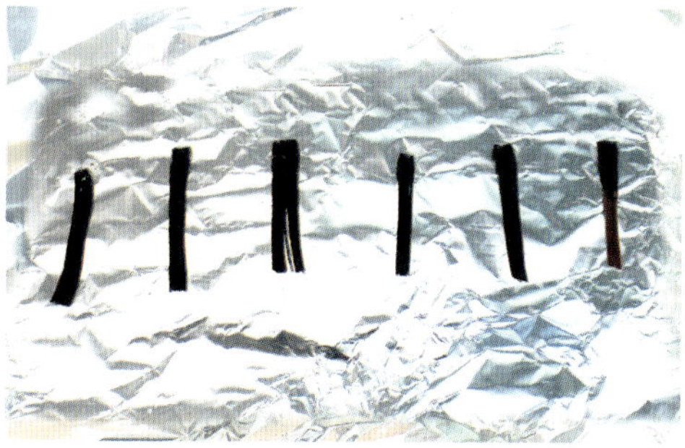

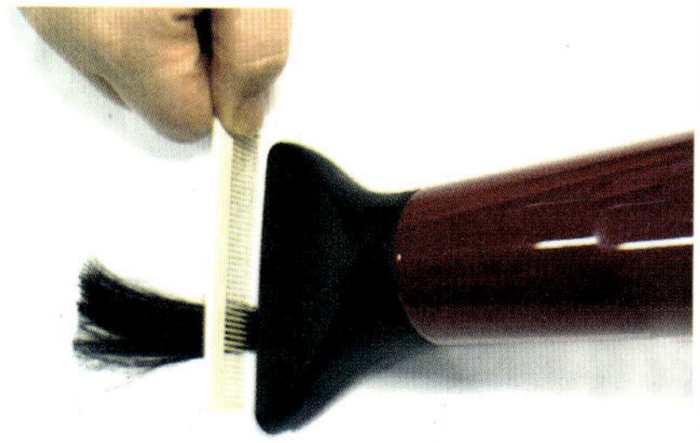

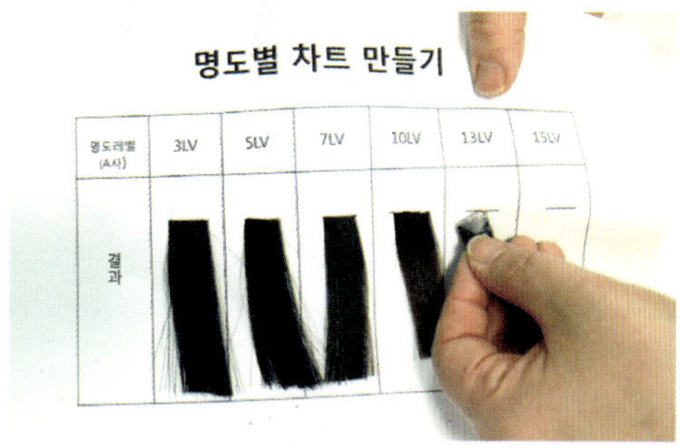

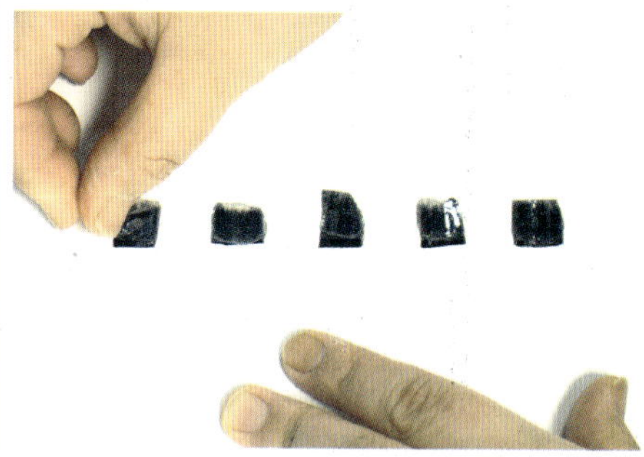

시술 결과

시술 과정 및 결과(L사)

준비물

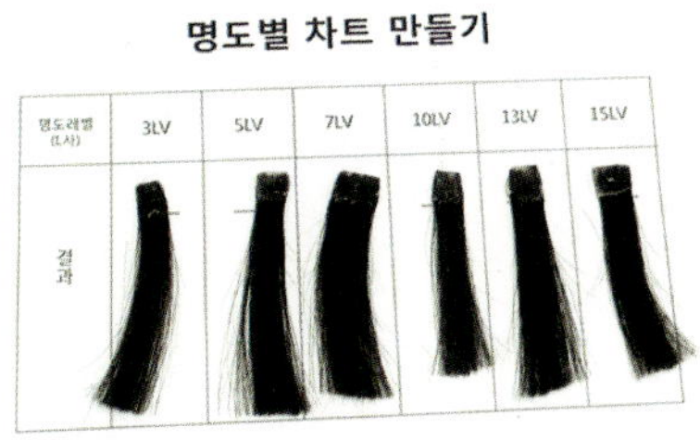

시술 과정

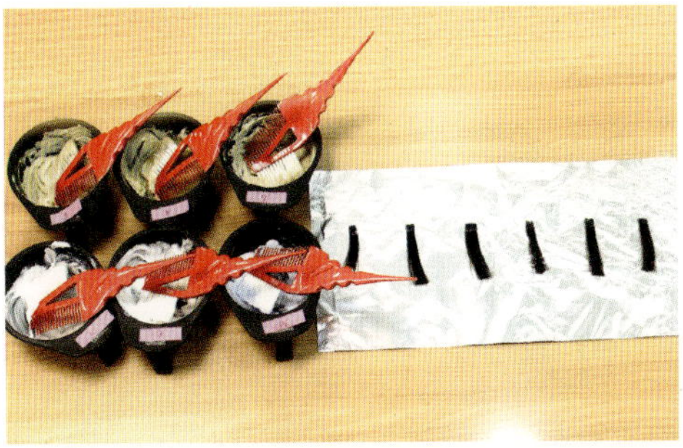

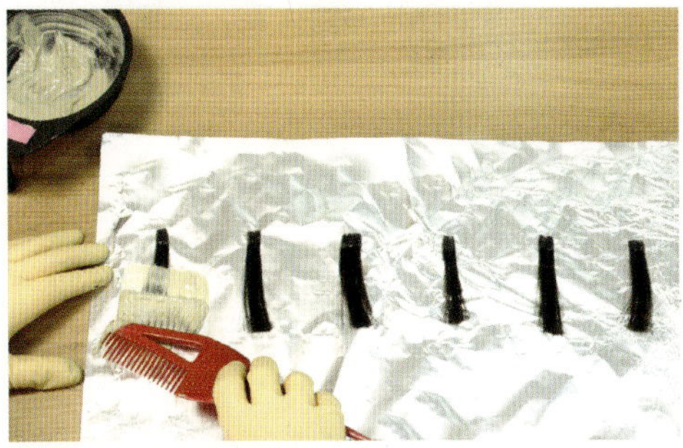

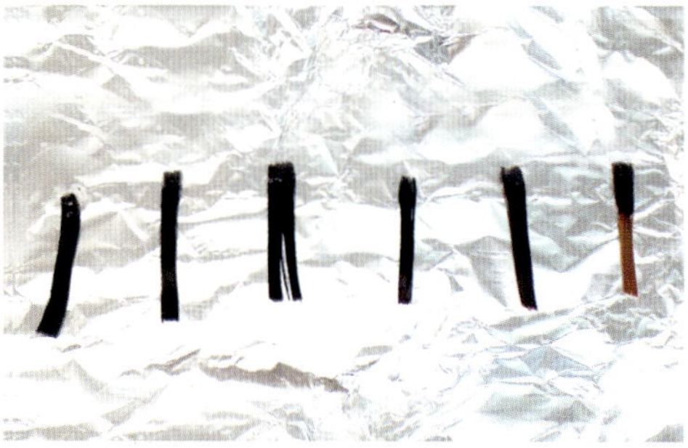

명도별 차트 만들기
명도레벨 (L사)
3LV
5LV
7LV
10LV
13LV
15LV
결과

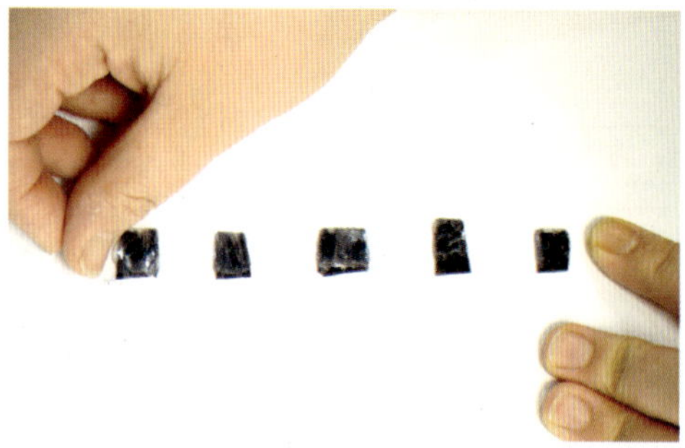

시술 결과

명도별 차트 만들기
명도레벨 (L사)
3LV
5LV
7LV
10LV
13LV
15LV
결과

시술 과정 및 결과(O사)

준비물

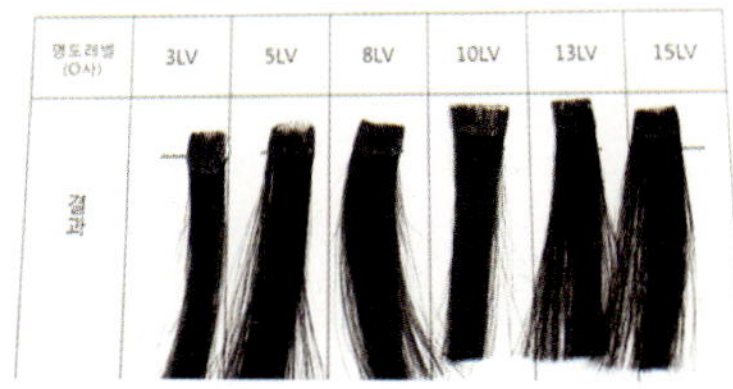

시술 과정

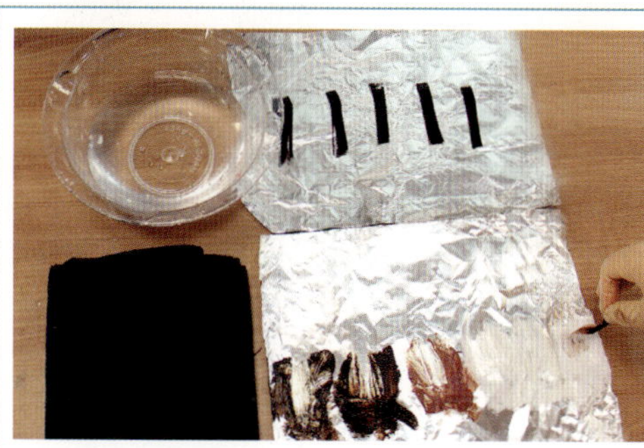

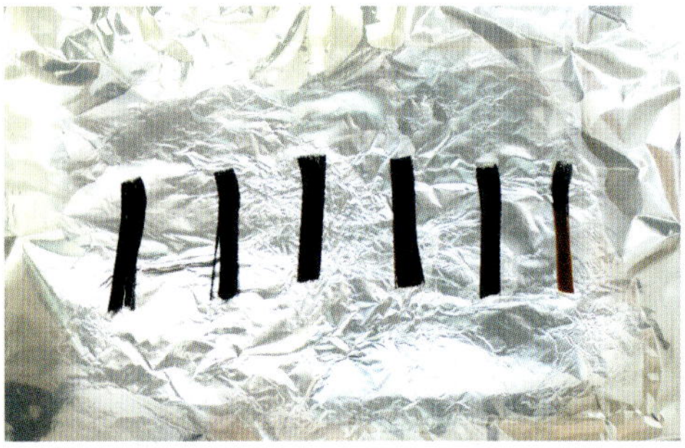

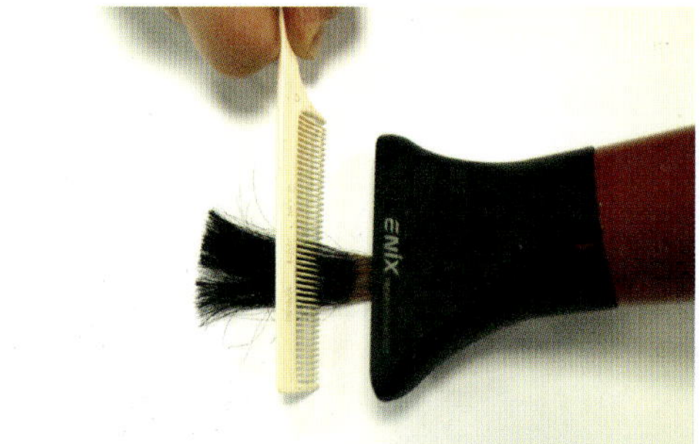

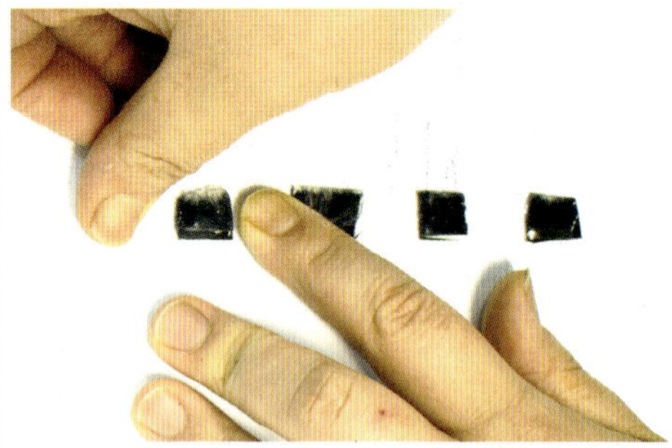

시술 결과

명도별 차트 만들기

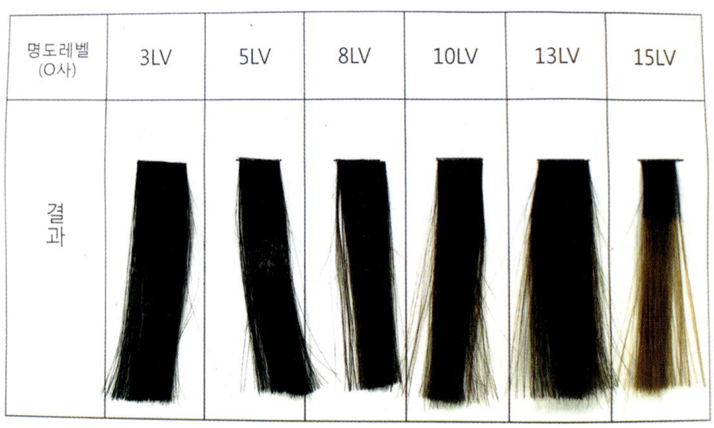

시술 과정 및 결과(W사)

준비물

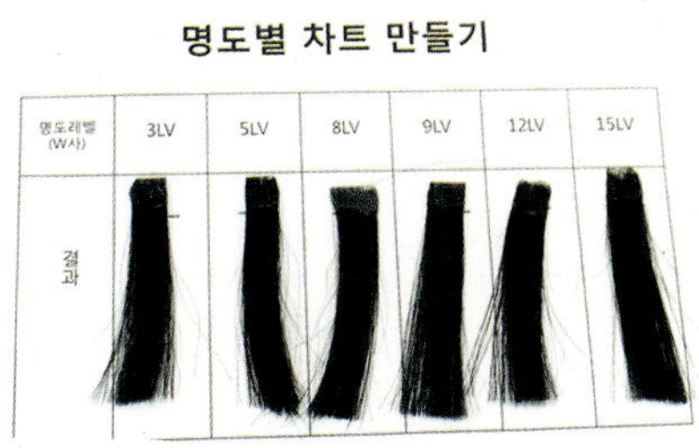

시술 과정

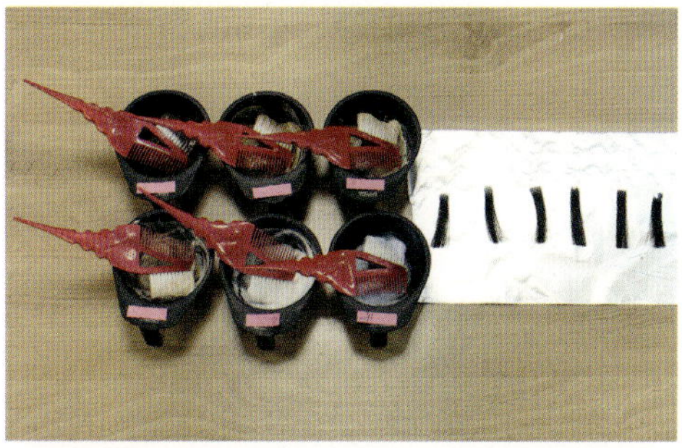

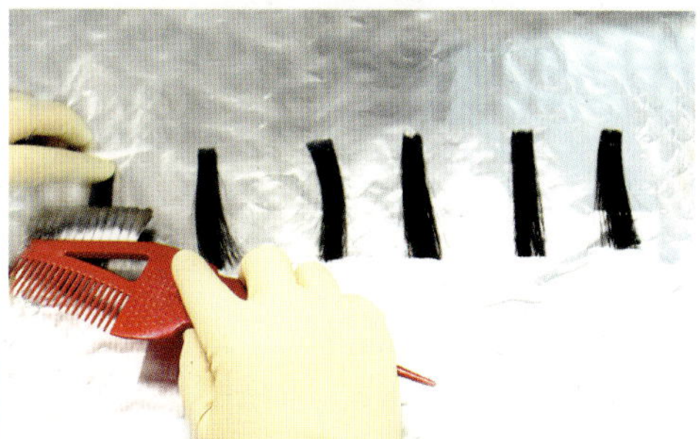

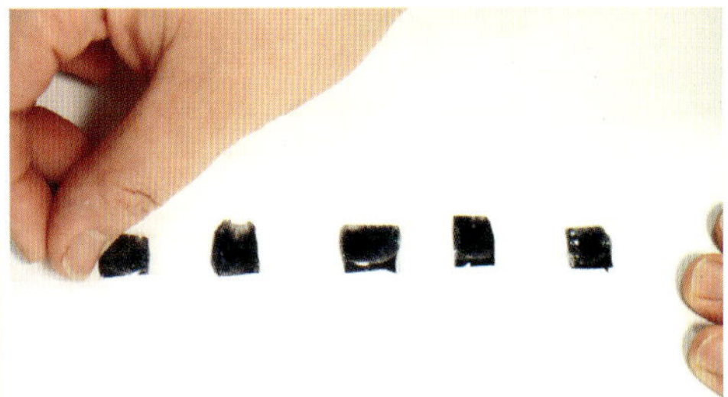

시술 결과

명도별 차트 만들기

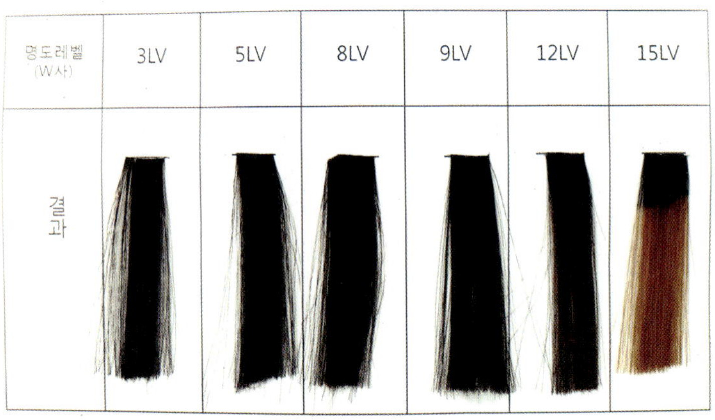

실습 과정 사진

사진	설명

실습 과정 사진	
사진	설명

명도별 차트 만들기

명도레벨	LV	LV	LV	LV	LV	LV
결과						

MEMO

Chapter 5 영구 염모제 실습

10 th week

명도별 한색과 난색 차트 만들기 (A, L, O, W사)

명도별 한색과 난색

학습 내용(단원명)	수업 목표
명도별 한색과 난색 차트 만들기 (A, L, O, W사)	• 각기 다른 명도 헤어 스와치에 동일색상 영구 염모제인 한색과 난색을 도포하여 그 결과를 차트로 수행할 수 있다.

실습목적

동일한 색상의 염모제를 사용하여 염색하더라도 모발의 명도에 따라 결과색이 다르게 표현되는 것을 알 수 있다.

도포 방법

각각 명도가 다른 헤어 스와치에 한색과 난색의 염모제를 도포하여 결과색을 비교한다. (위쪽 1cm 띄우고 도포)

컬러 테스트 및 방치시간

자연방치 시간은 30~40분이며 이후 결과 색이 나왔는지 확인한다.

샴푸 후 건조

발색이 되면 샴푸하여 건조한 후 마무리한다.

시술 과정 및 결과(A사)_난색

준비물

시술 과정

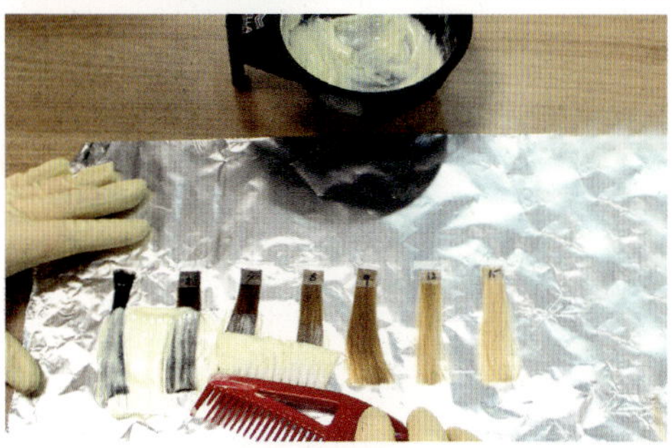

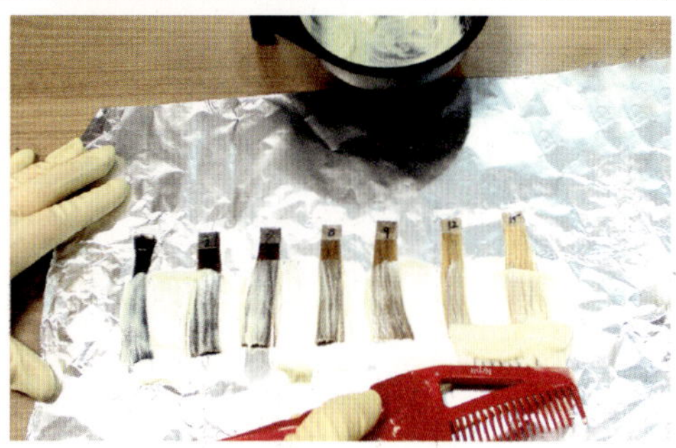

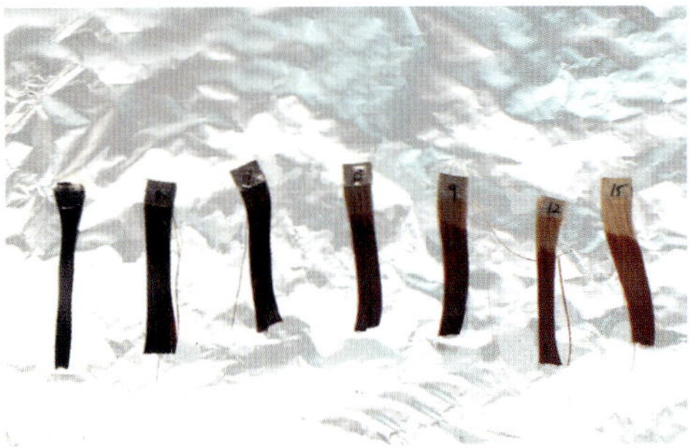

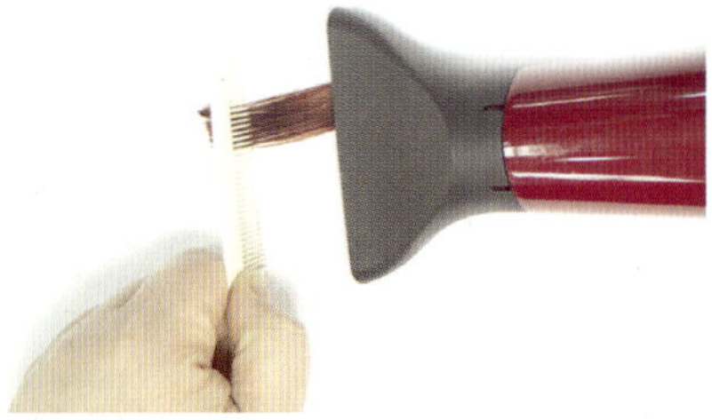

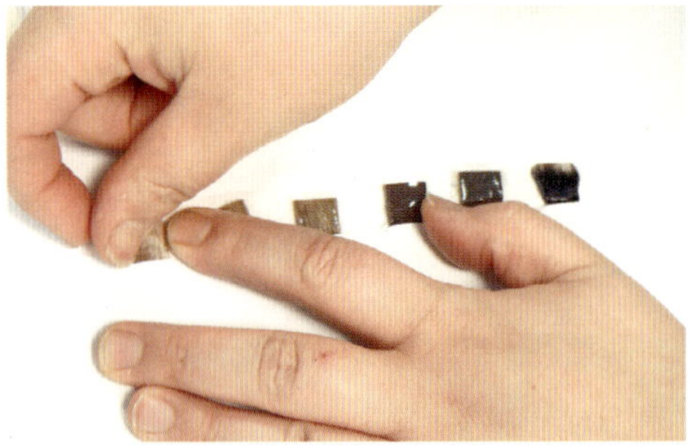

시술 결과

명도별 동일색상 컬러 차트 만들기(난색)

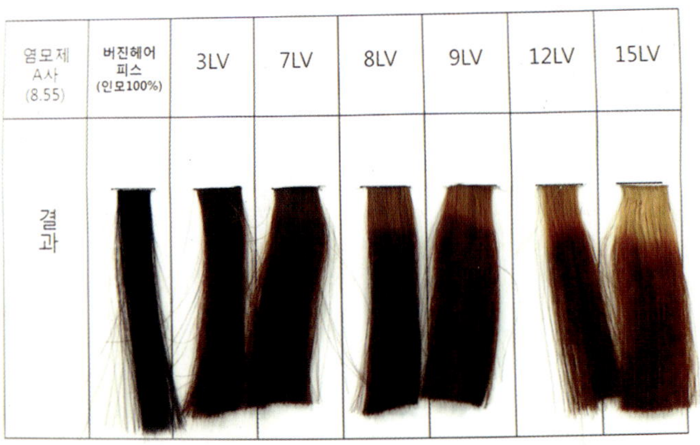

시술 과정 및 결과(L사)_난색

준비물

시술 과정

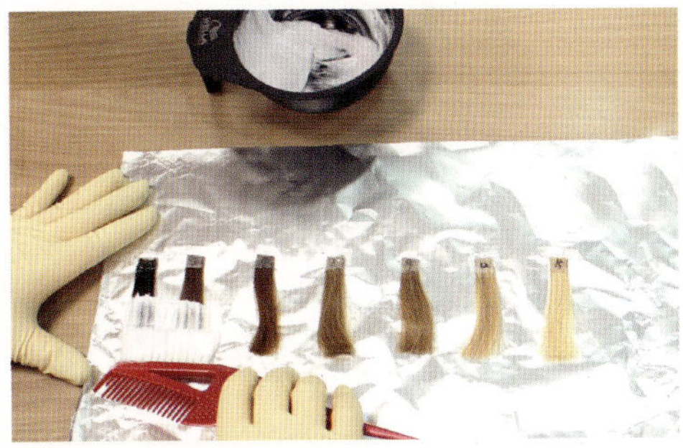

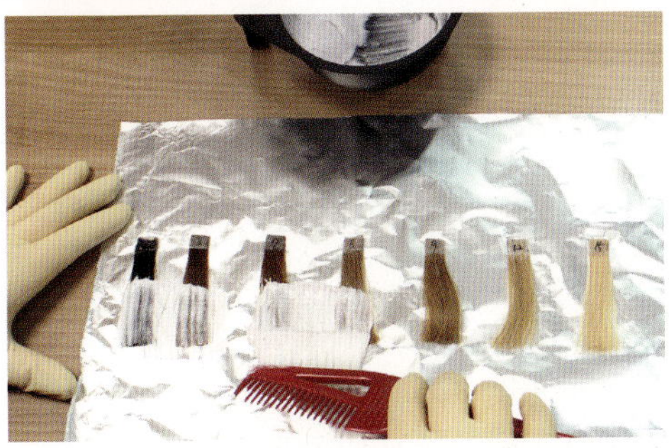

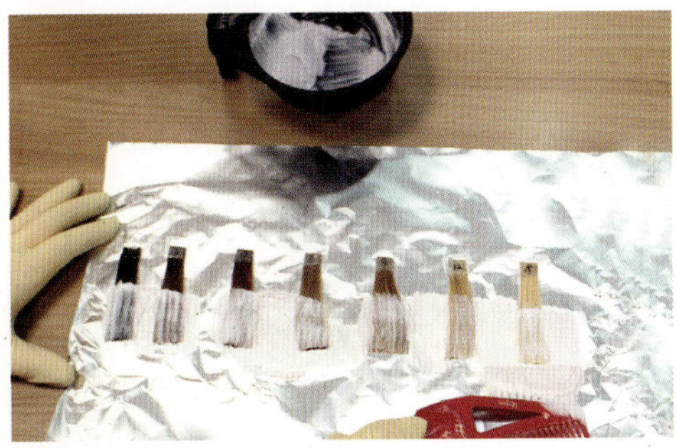

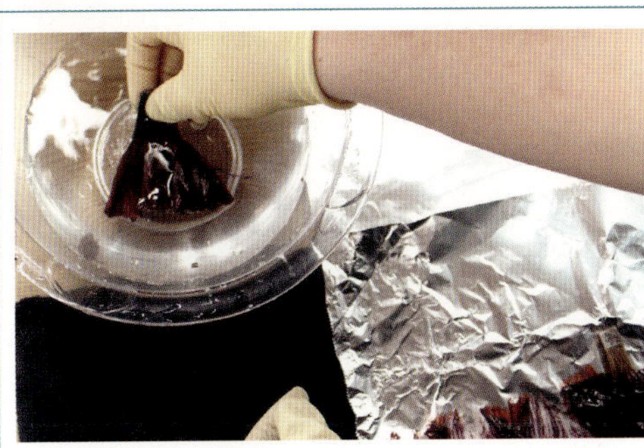

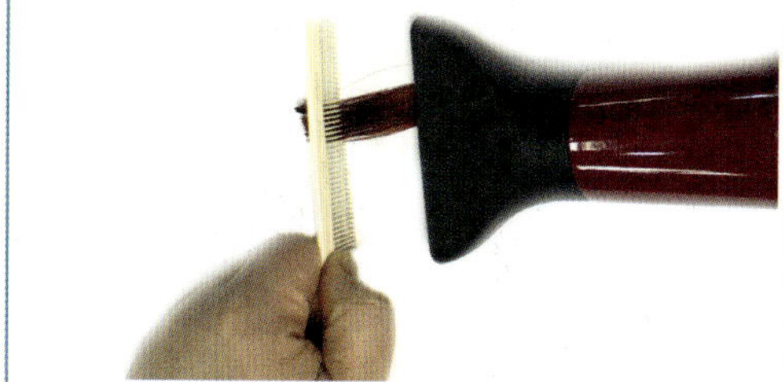

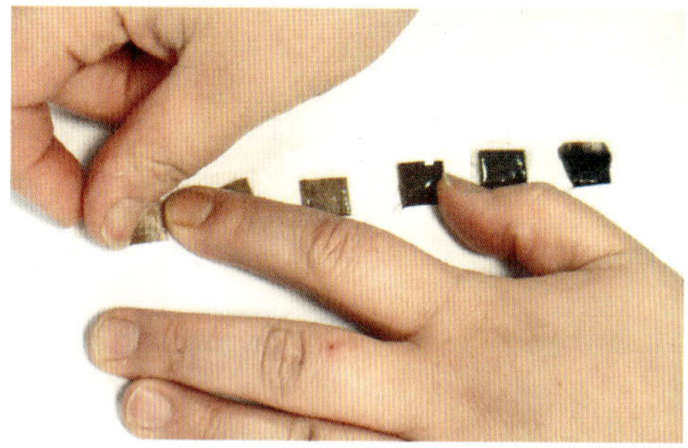

시술 결과

명도별 동일색상 컬러 차트 만들기(난색)

시술 과정 및 결과(O사)_난색

준비물

시술 과정

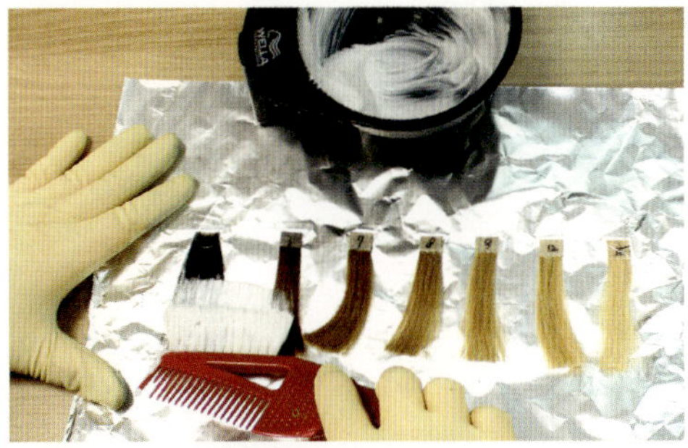

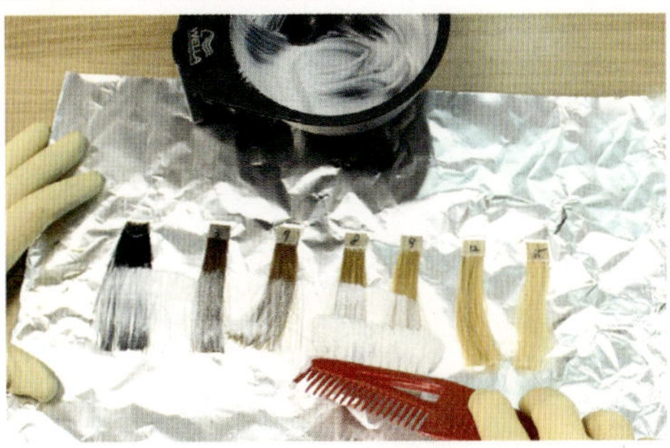

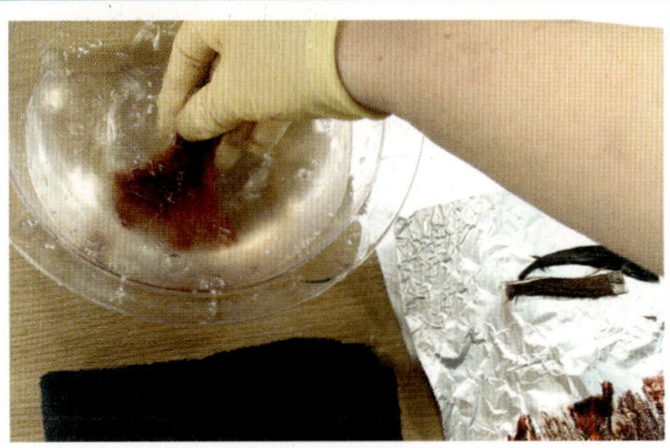

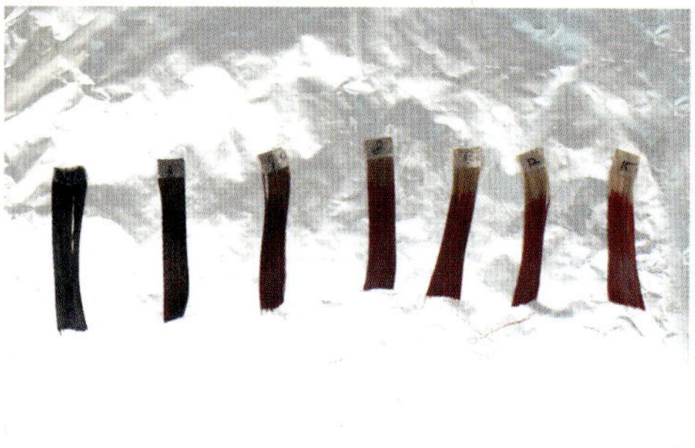

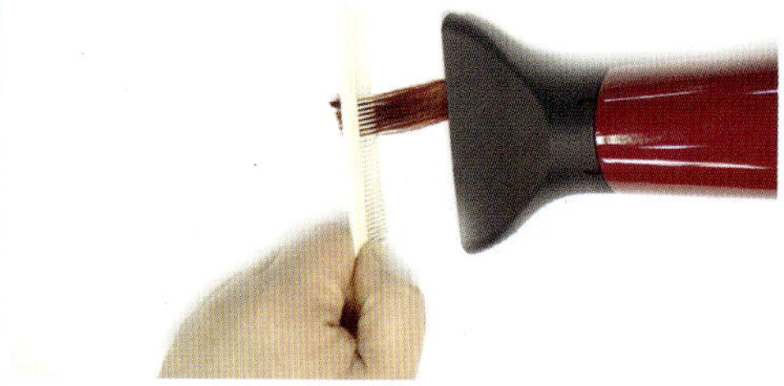

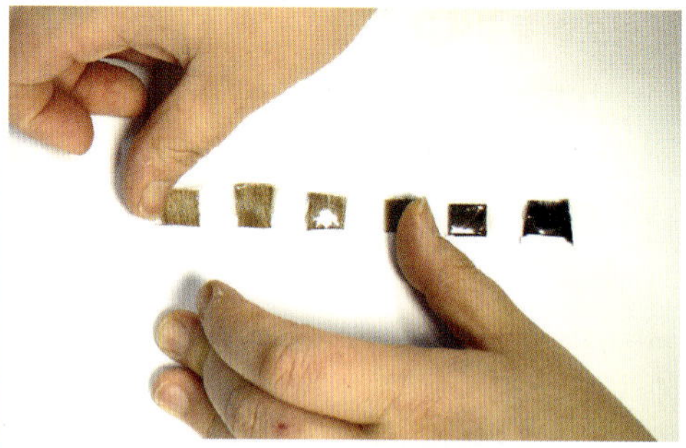

시술 결과

명도별 동일색상 컬러 차트 만들기(난색)

시술 과정 및 결과(W사)_난색

준비물

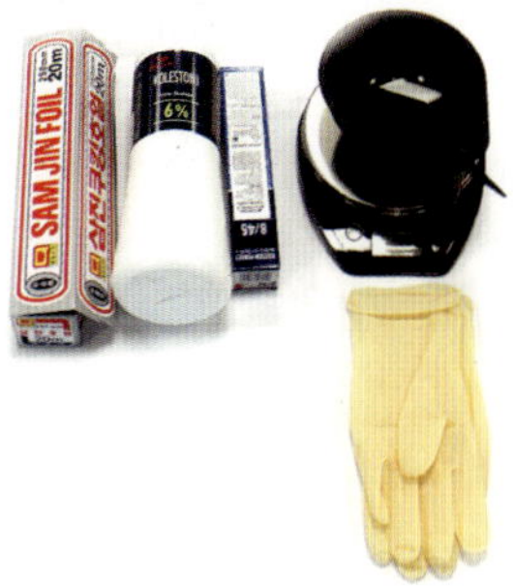

시술 과정

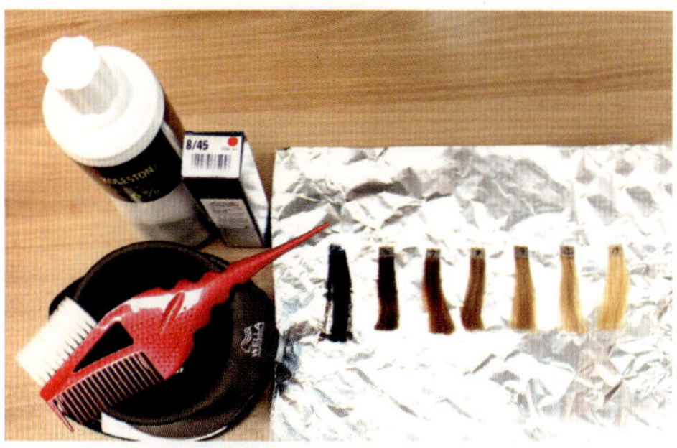

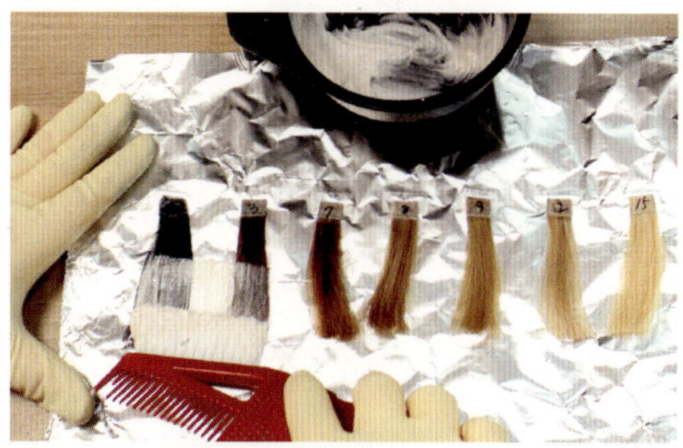

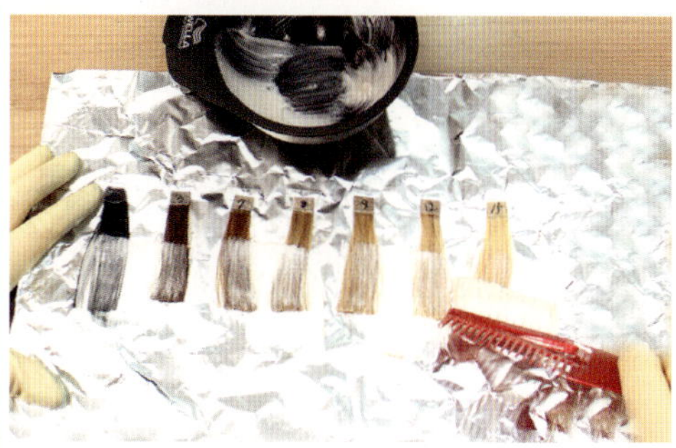

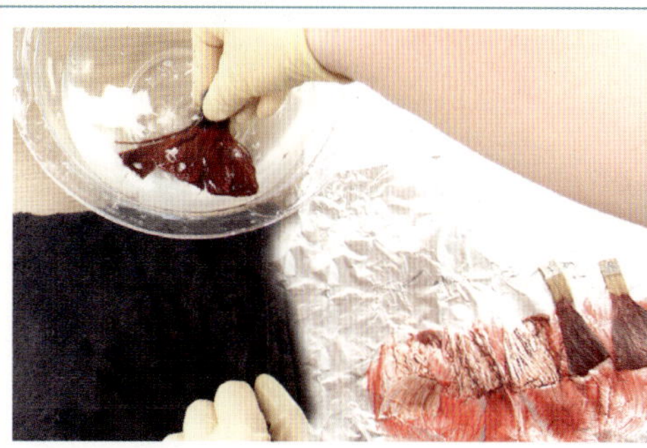

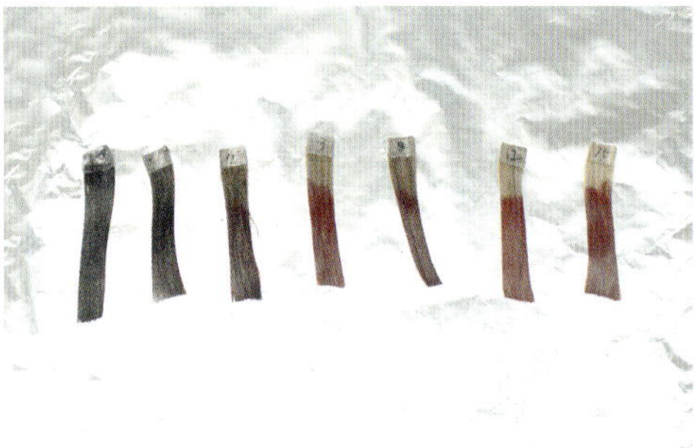

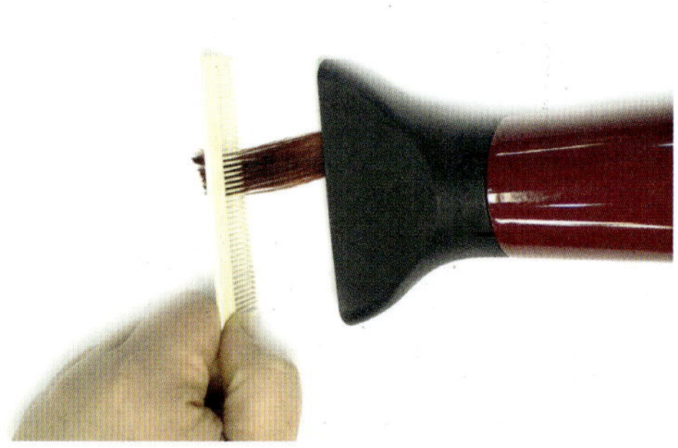

명도별 동일색상 컬러 차트 만들
난색)
3LV
7LV
8LV
9LV
12LV
15LV

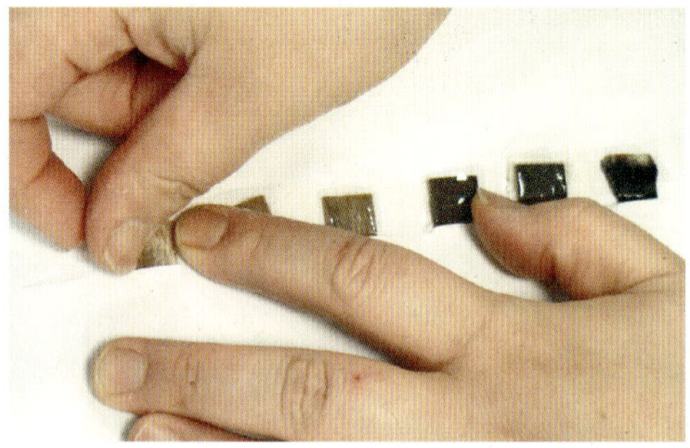

시술 결과

명도별 동일색상 컬러 차트 만들기(난색)
염모제
W사
(8.45)
버진헤어
피스
(인모100%)
3LV
7LV
8LV
9LV
12LV
15LV
결과

시술 과정 및 결과(A사)_한색

준비물

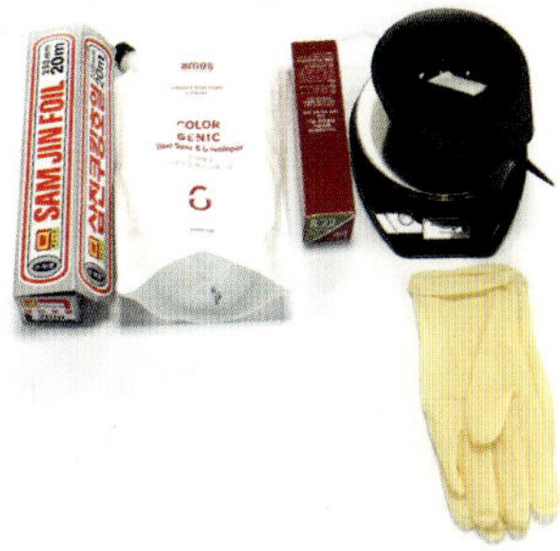

시술 과정

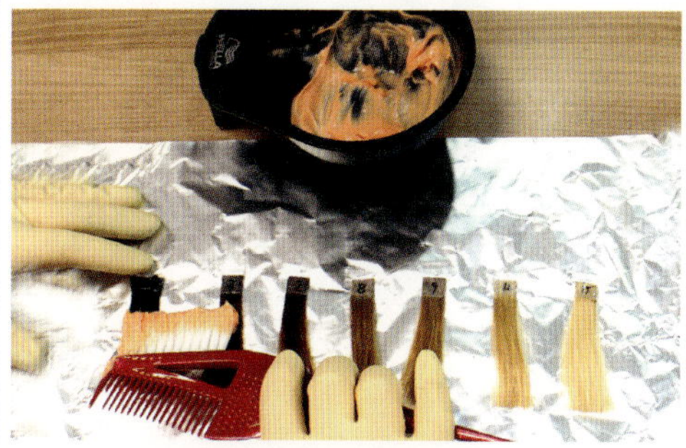

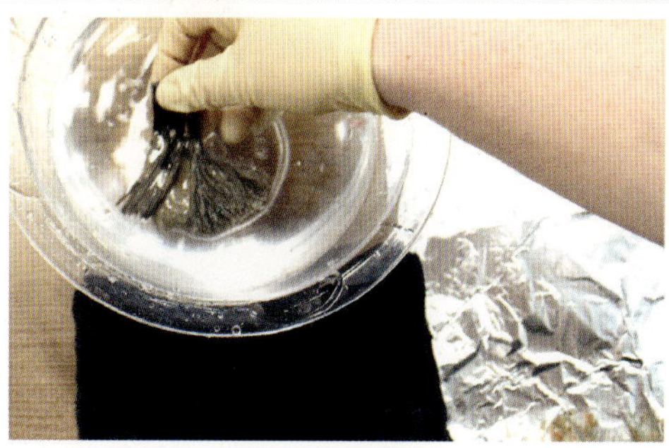

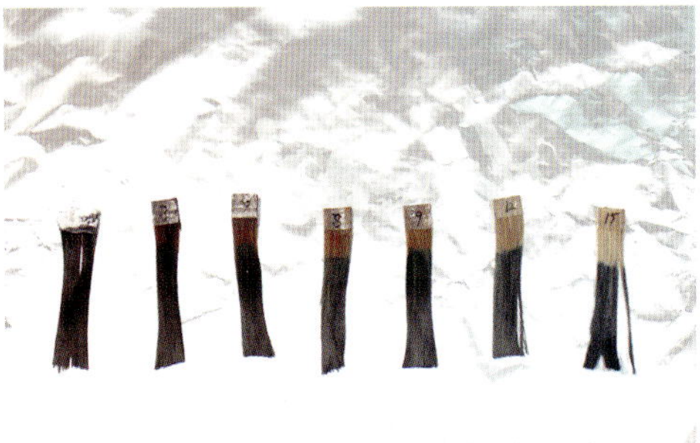

명도별 동일색상 컬러 차트 만들기
염모제 A사 (8.22)
버진헤어 피스 (인모100%)
3LV
7LV
8LV
9LV
12LV
15LV
결과

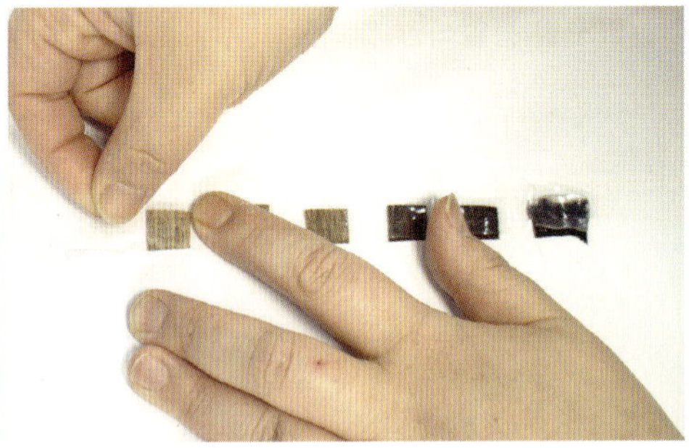

시술 결과

명도별 동일색상 컬러 차트 만들기(한색)
염모제 A사 (8.22)
버진헤어 피스 (인모100%)
3LV
7LV
8LV
9LV
12LV
15LV
결과

시술 과정 및 결과(L사)_한색

준비물

시술 과정

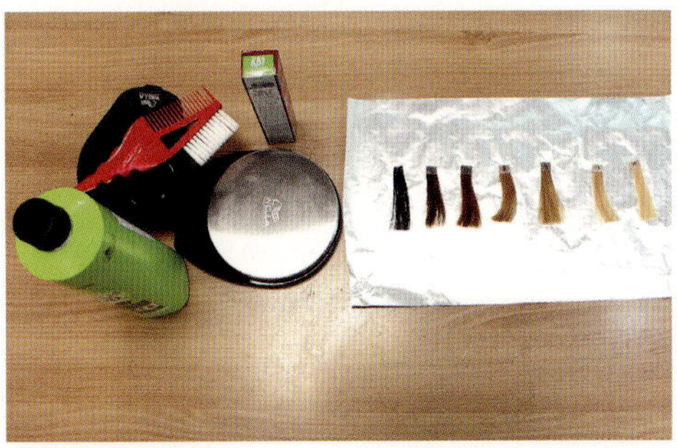

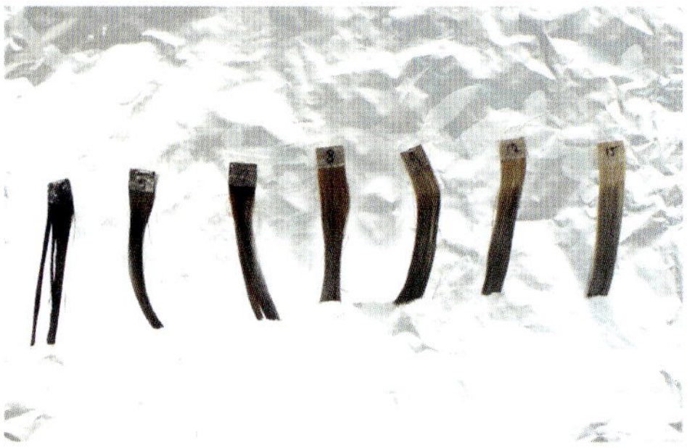

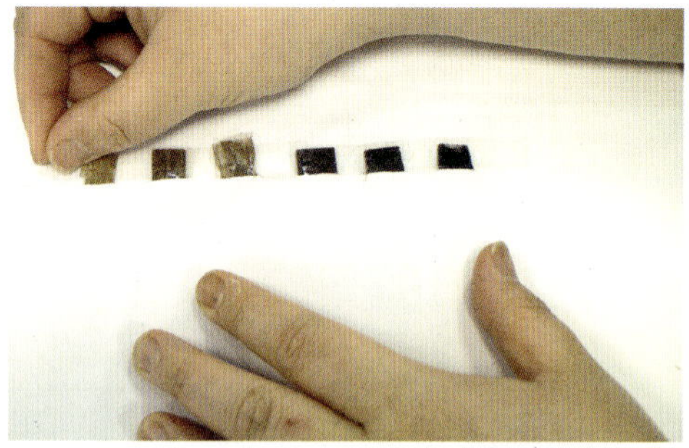

시술 결과

명도별 동일색상 컬러 차트 만들기(한색)
염모제
L사
(8.07)
버진헤어
피스
(인모100%)
3LV
7LV
8LV
9LV
12LV
15LV
결과

시술 과정 및 결과(O사)_한색

준비물

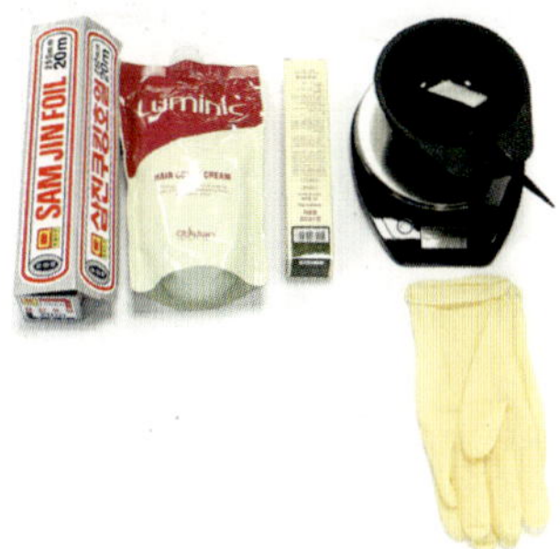

시술 과정

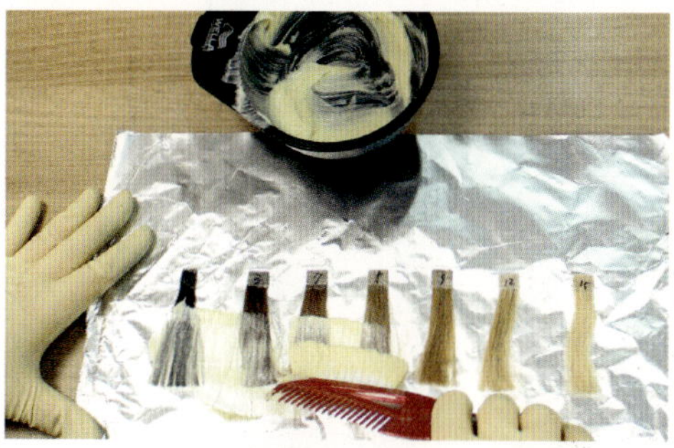

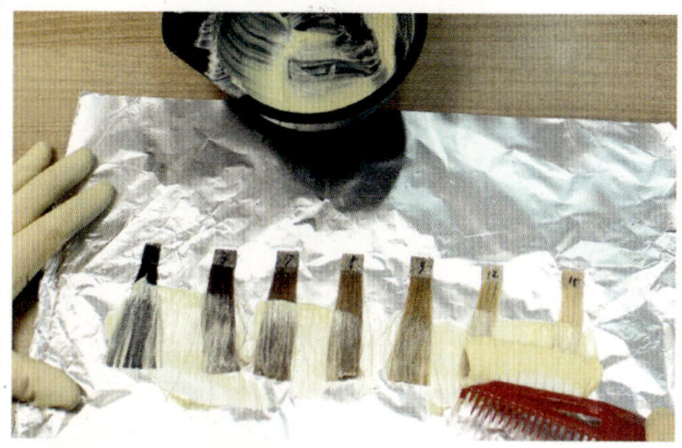

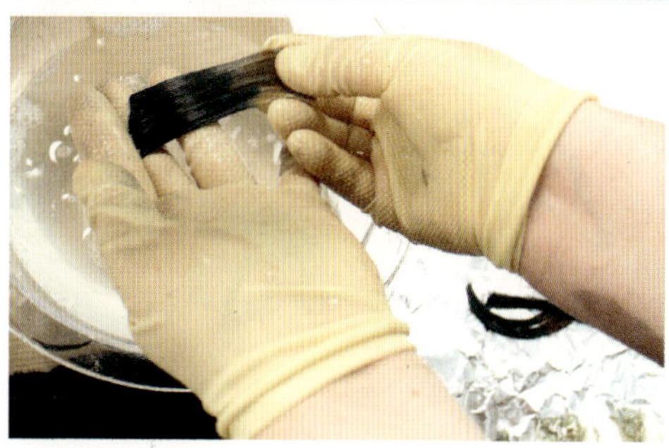

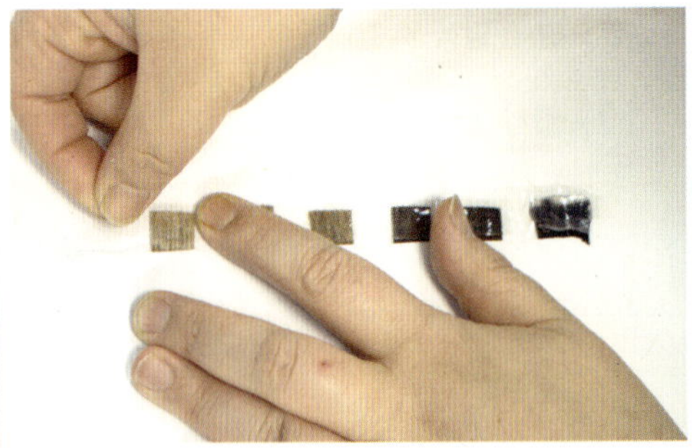

시술 결과

명도별 동일색상 컬러 차트 만들기(한색)

시술 과정 및 결과(W사)_한색

준비물

시술 과정

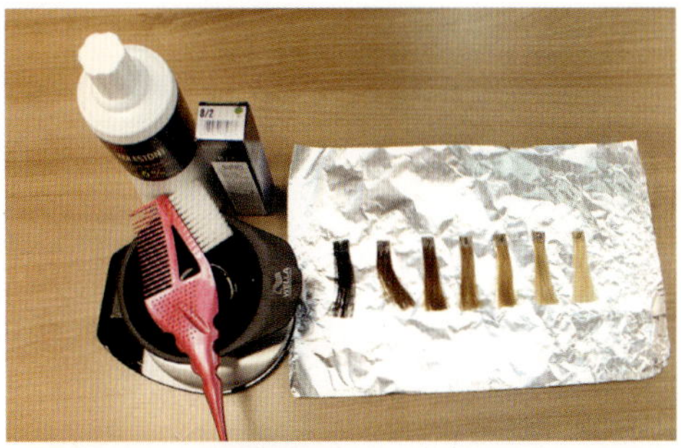

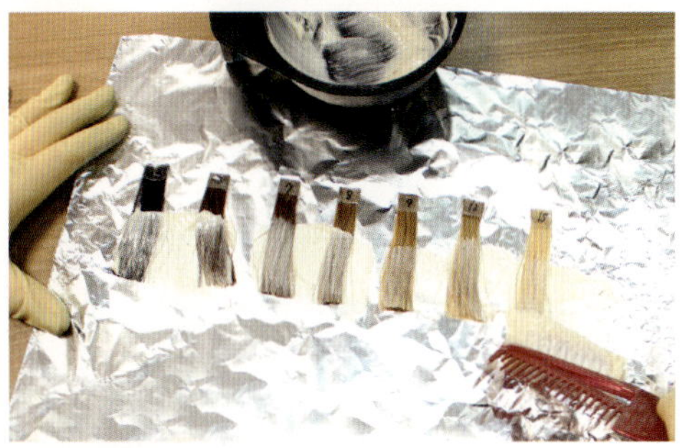

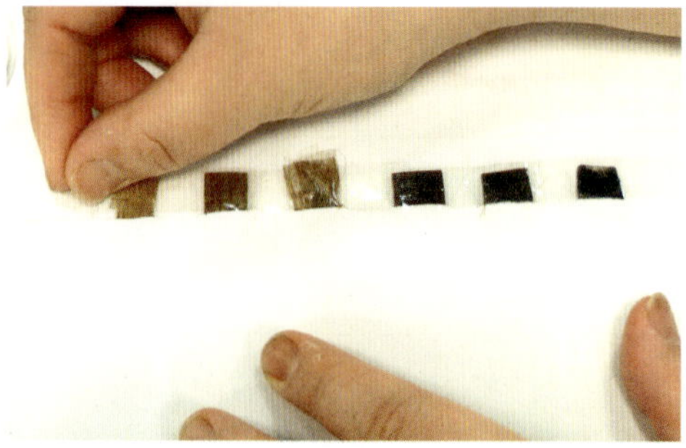

시술 결과

명도별 동일색상 컬러 차트 만들기(한색)

실습 과정 사진	
사진	설명

실습 과정 사진	
사진	설명

명도별 동일색상 컬러 차트 만들기(난색)

염모제	LV	LV	LV	LV	LV	LV
결과						

명도별 동일색상 컬러 차트 만들기(한색)

염모제	LV	LV	LV	LV	LV	LV
결과						

MEMO

Chapter 5 영구 염모제 실습

11th week

컬러 체인지 차트 만들기 (스와치 / 인모)

컬러 체인지 차트

학습 내용(단원명)	수업 목표
컬러 체인지 차트 만들기 (스와치/인모)	• 원래의 색상을 제거하고 원하는 색상으로 염색하고자 할 때 원하는 색상이 표현되는 명도를 찾을 수 있으며 그 결과를 헤어 스와치에 수행 할 수 있다.

실습목적
원래의 색상을 제거하고 원하는 색상으로 염색하고자 할 때 원하는 색상이 표현되는 명도를 찾을 수 있으며 그 결과를 헤어스와치에 수행 할 수 있다.
도포 방법
기존 염색되어 있는 컬러를 탈색으로 지우고 원하는 컬러를 도포하여 발색을 확인한다.
컬러 테스트 및 방치시간
각각 자연방치 시간은 30~40분이며 이후 결과 색이 나왔는지 확인한다.
샴푸 후 건조
발색이 되면 샴푸하여 건조한 후 마무리한다.

※ 컬러체인지를 할 때 탈색으로 기존컬러를 제거하고 진행하는데 기존 컬러가 얼마나 제거가 되었는지에 따라 원하는 컬러에 영향을 미칠 수 있다는 것을 참고해야 한다.

시술 과정 및 결과(스와치)

준비물

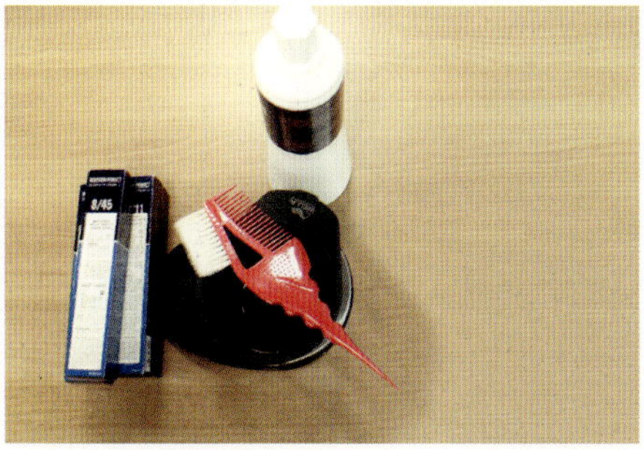

1차 진행(Red, Green, Orange 컬러를 도포 후 헹굼)

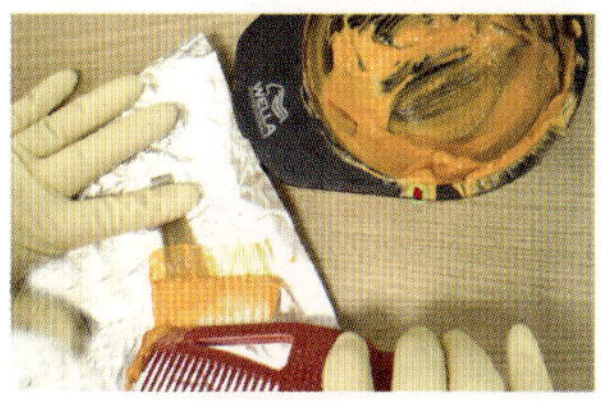

1차 컬러 도포 후 결과색

2차 진행(탈색으로 기존 컬러를 제거 한 후 헹굼)

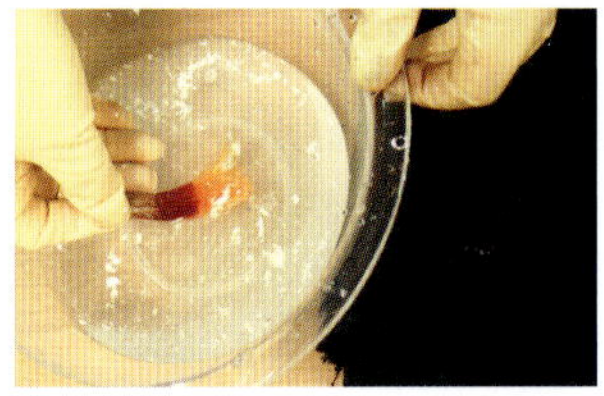

탈색으로 컬러를 제거한 상태

3차(Violet, Ash Brown, Red Brown 컬러를 도포 후 헹굼)

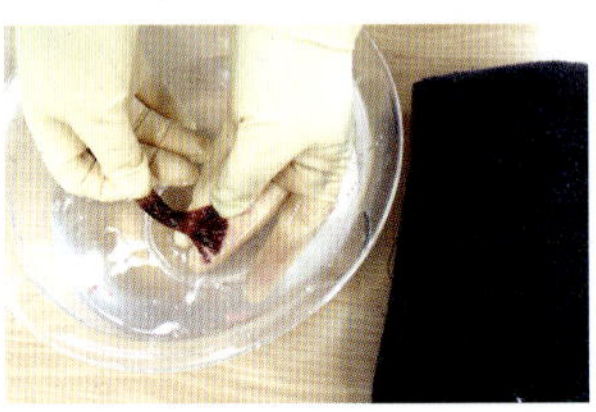

마무리		
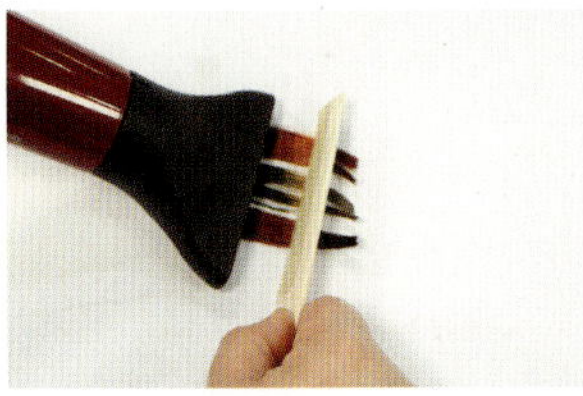	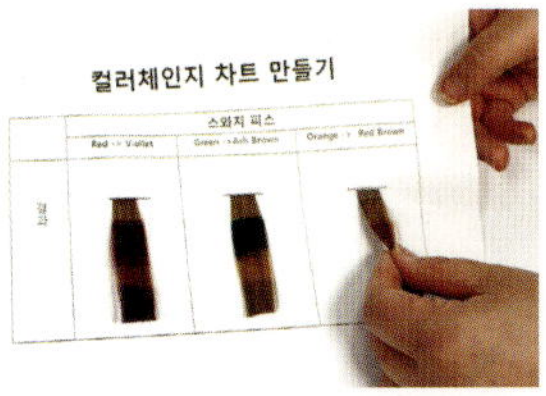	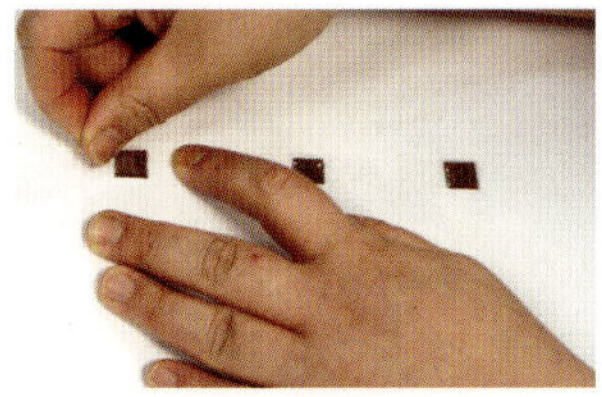

시술결과

컬러체인지 차트 만들기
스와치 피스
Red -> Viollet
Green ->Ash Brown
Orange -> Red Brown
결과

시술 과정 및 결과(인모)

준비물

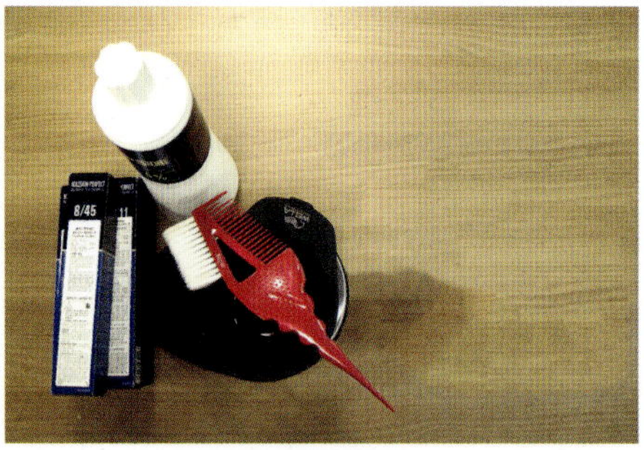

컬러체인지 차트 만들기

1차 진행(Red, Green, Orange 컬러를 도포 후 헹굼)

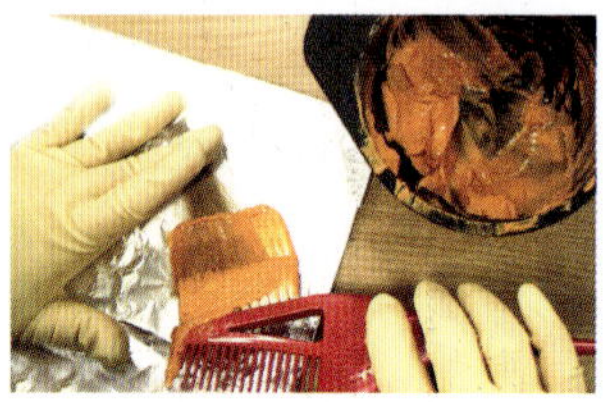

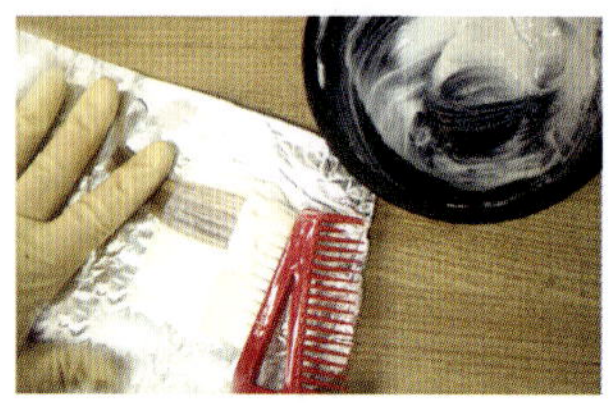

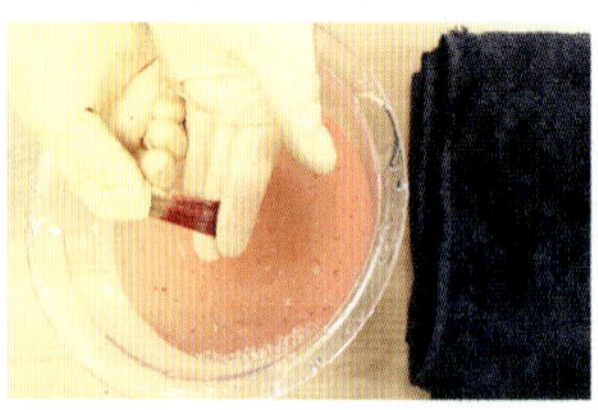

1차 컬러 도포 후 결과색

2차 진행(탈색으로 기존 컬러를 제거 한 후 헹굼)

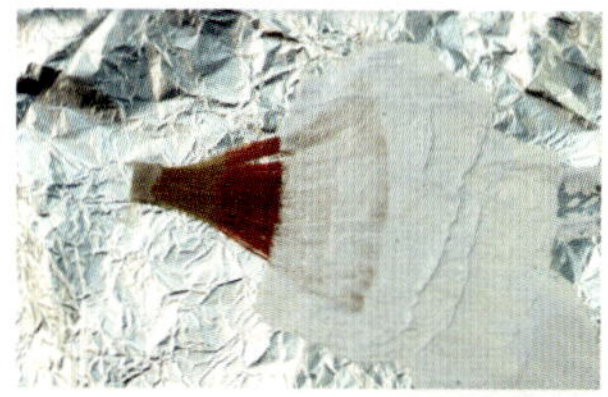

탈색으로 컬러를 제거한 상태

3차(Violet, Ash Brown, Red Brown 컬러를 도포 후 헹굼)

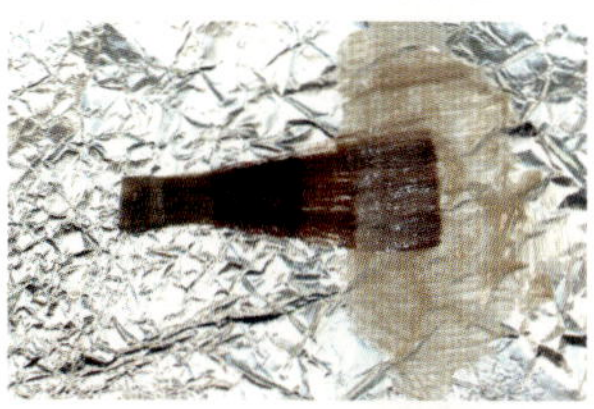

마무리

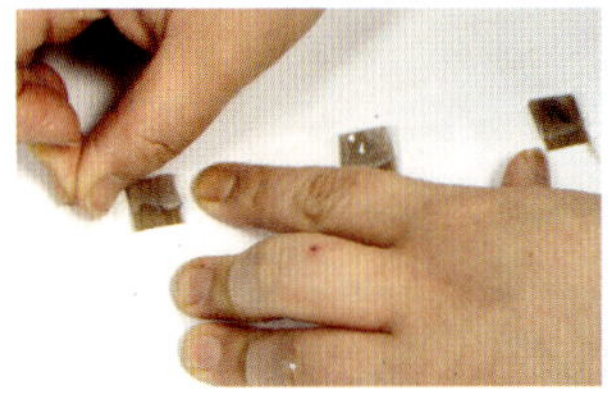

시술결과

컬러체인지 차트 만들기
인모 피스
Red -> Viollet
Green ->Ash Brown
Orange -> Red Brown
결과

실습 과정 사진	
사진	설명

실습 과정 사진	
사진	설명

컬러 체인지 차트 만들기

	결과

NCS 과정내용

분류번호	1201010126_21v5
능력단위 명칭	그레이 헤어컬러
능력단위 정의	그레이 헤어컬러란 백모의 비율을 고려하여 백모 커버 목적에 적합한 염모제를 선택 후 다양한 도포기법을 사용하여 백모를 커버하는 능력이다.

능력단위 요소	수 행 준 거
1201010126_21v5.1 그레이 헤어컬러 준비하기	1.1 고객의 의복, 피부 등에 염모제가 묻지 않도록 가운, 어깨보 등의 착용을 안내할 수 있다. 1.2 두피 및 모발 상태에 따른 전처리 제품과 도구 및 재료를 준비할 수 있다. 1.3 그레이 헤어컬러에 대한 부작용을 확인하기 위해 패치 테스 트를 할 수 있다. 1.4 고객과의 상담 시 파악한 요구사항과 두상에 분포되어 있는 그레이 헤어의 비율을 기반으로 염모제를 선택할 수 있다. 1.5 선택한 염모제를 사용하여 그레이 헤어컬러 고객의 요구사항에 따라 염모제와도포 방법을 결정할 수 있다.
	지 식 • 두피 및 모발상태에 따른 전처리 제품에 관한 지식 • 그레이 헤어 비율에 따른 염모제 선정 및 혼합 방법 • 그레이 헤어 비율 및 분포에 따른 염모제 도포 방법 • 그레이 헤어 커버 목적 파악을 위한 상담 방법
	기 술 • 두피 두피 및 모발상태에 따른 전처리 제품 사용 능력 • 그레이 헤어 비율에 따른 염모제 선정 및 혼합 능력 • 그레이 헤어 비율 및 분포에 따른 염모제 도포 능력 • 그레이 헤어 커버의 목적 파악을 위한 상담 능 력 • 고객과의 커뮤니케이션 능력
	태 도 • 신속하고 안전하게 서비스하는 태도 • 고객의 요구를 이해하기위해 노력하는 자세 • 고객의 두피, 그레이 헤어 상태에 적합한 전처리제 및 염모제를 • 선택하려는 노력 • 고객의 그레이 헤어커버 목적에 적합한 염모제를 선택하려는 태도 • 고객의 요구사항에 기반 한 그레이 헤어 커버를 위해 노력하는 자세
1201010126_21v5.2 그레이 헤어컬러 실행하기	• 2.1 두피 및 모발 상태에 따라 선정된 전처리 제품을 도포 할 수 있다. • 2.2 그레이 헤어의 분포와 비율에 따라 염모제 도포 순서를 정하고 블로킹할 수 있다. • 2.3 블로킹 되어 있는 모다발에 순서대로 염모제를 도포할 수 있 다. • 2.4 염모제 도포를 완료하고 랩핑 처리 후 처리시간과 가온기 등의 사용 여부를 결정할 수 있다. • 2.5 처리 시간 후 컬러 테스트 결과에 따라 기염부와 연결을 위한 코밍 혹은 2차 도포를 할 수 있다. • 2.6 원하는 컬러 수준으로 그레이 헤어가 커버가 되었을 경우 고객을 샴푸실로 안전하게 안내할 수 있다.

능력단위 요소	수 행 준 거
	지 식 • 그레이 헤어 분포 및 비율에 따른 염모제 도포 방법 • 그레이 헤어용 염모제 처리시간에 관한 지식 • 그레이 헤어 커버에 적합한 블로킹 방법에 관한 지식 • 그레이 헤어 커버용 염모제에 효과적인 도포 방 법에 관한 지식 • 그레이 헤어 커버용 염모제 촉진을 위한 가온기 및 음이온기기 사용방법 • 그레이 헤어 커버 컬러 테스트 방법 • 기염부와의 연결을 위한 코밍 및 2차 도포 방법
	기 술 • 그레이 헤어 분포 및 비율에 따른 염모제 도포 능력 • 그레이 헤어 염모제 처리시간 결정 능력 • 그레이 헤어 커버에 적합한 블로킹 능력 • 그레이 헤어 커버용 염모제에 효과적인 도포 기술 • 그레이 헤어 커버용 염모제 촉진을 위한 가온기 및 음이온기기 사용능력 • 그레이 헤어 커버 컬러 테스트 능력 • 기염부와 연결을 위한 코밍 및 2차 도포 능력
	태 도 • 정확한 도포를 위한 노력 • 염모제 처리시간을 준수하는 태도 • 도포법에 따른 염색결과를 확인하는 태도 • 신속하고 안전하게 서비스하는 태도 • 고객의 요구를 이해하기 위해 노력하는 자세 • 고객 만족을 위해 노력하는 자세
1201010126 _21v5.3 그레이 헤어컬러 마무리하기	3.1 에멀전을 진행하면서 헤어라인 및 피부에 묻은 염모제를 제거할 수 있다. 3.2 헤어컬러 전용 기능성 샴푸를 사용하여 두피 및 모발의 염모제를 제거할 수 있다. 3.3 염모제가 완전히 제거된 모발에 헤어 트리트먼트를 사용할 수 있다. 3.4 충분한 타월 드라이 후 고객을 시술대로 안전하게 안내할 수 있다. 3.5 충분한 타월 드라이 후 고객을 시술대로 안전하게 안내할 수 있다. 3.6 그레이 헤어가 자라는 형태에 대해 설명하고 재방문 시기에 대해 안내할 수 있다. 3.7 홈케어 방법에 대해 설명하고 헤어스타일을 마무리 할 수 있다. 3.8 그레이 헤어컬러 시술이 끝나고 사용한 도구 및 기기, 제품 등을 정리 정돈하여 보관한다.
	지 식 • 염색 전 · 후 화학적 처리에 관한 지식 • 그레이 헤어 컬러용 기능성 샴푸제에 관한 지식 • 도포방법별 그레이 헤어 성장 패턴에 대한 지식 • 그레이 헤어 컬러 홈케어에 대한 지식
	기 술 • 염색 전 · 후 중간의 화학적 처리 능력 • 그레이 헤어컬러 기능성 샴푸 사용 기술 • 그레이 헤어컬러 성장패턴에 관한 설명 능력
	태 도 • 신속하고 안전하게 서비스하려는 자세 • 도포 방법에 따른 염색결과를 확인하는 태도 • 고객의 만족을 위해 노력하는 자세 • 피부에 묻은 염모제를 깨끗하게 제거하는 자세 • 주변을 정돈하고 청결하게 도구를 정리하는 자세

Chapter 5 영구 염모제 실습

1. 백모(흰머리) 염색 차트 만들기 (A, L, O, W사)

12th week

백모(흰머리) 염색

학습 내용(단원명)	수업 목표
백모(흰머리) 염색 차트 만들기 (A, L, O, W사)	• 백모(흰머리) 스와치에 각기 다른 명도의 염모제를 도포하여 흰머리가 가장 알맞게 커버되는 명도를 찾을 수 있다.

실습목적
백모(흰머리) 스와치에 각기 다른 명도의 염모제를 도포하여 흰머리가 가장 알맞게 커버되는 명도를 찾을 수 있다.
도포 방법
백모 헤어 스와치에 각기다른 염모제를 도포하고 발색력을 비교한다.
컬러 테스트 및 방치시간
각각 자연방치 시간은 30~40분이며 이후 결과색이 나왔는지 확인한다.
샴푸 후 건조
발색이 되면 샴푸하여 건조한 후 마무리한다.

시술 과정 및 결과(A사)

준비물

시술 과정

ENIX

백모염색 차트 만들기
명도레벨 (A사)
3LV
5LV
7LV
10LV
13LV
결과

시술 결과

백모염색 차트 만들기
명도레벨 (A사)
3LV
5LV
7LV
10LV
13LV
결과

시술 과정 및 결과(L사)

준비물

시술 과정

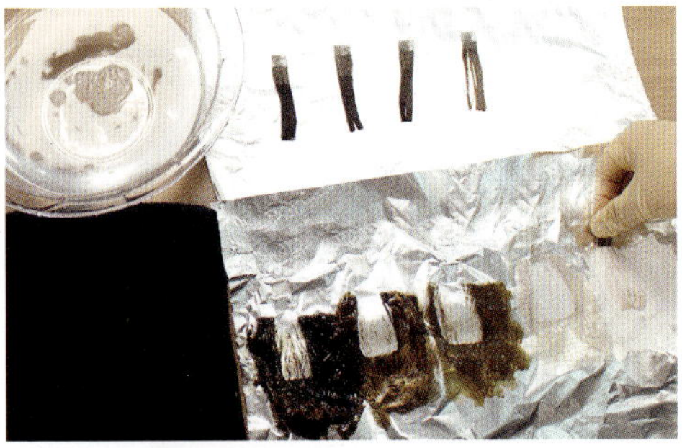

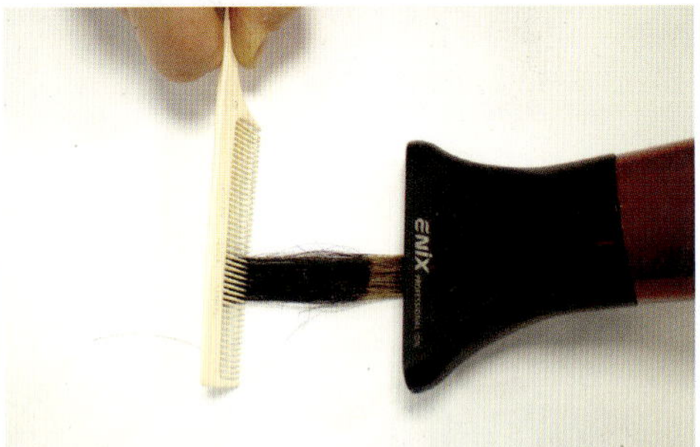
ENIX

백모염색 차트 만들기
명도레벨 (L사)
3LV
5LV
7LV
10LV
13LV
결과

시술 결과

백모염색 차트 만들기
명도레벨 (L사)
3LV
5LV
7LV
10LV
13LV
결과

시술 과정 및 결과(O사)

준비물

시술 과정

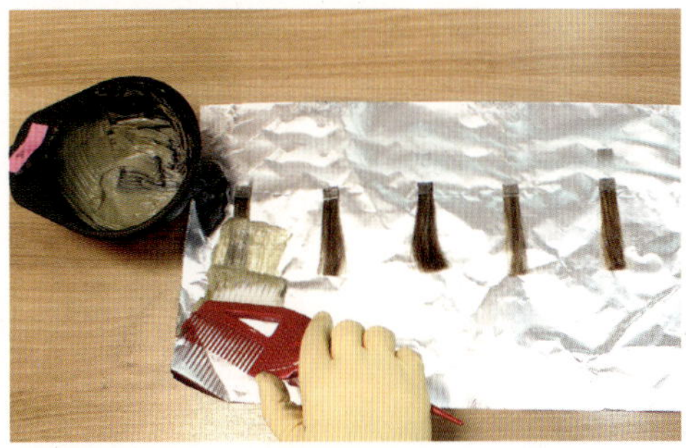

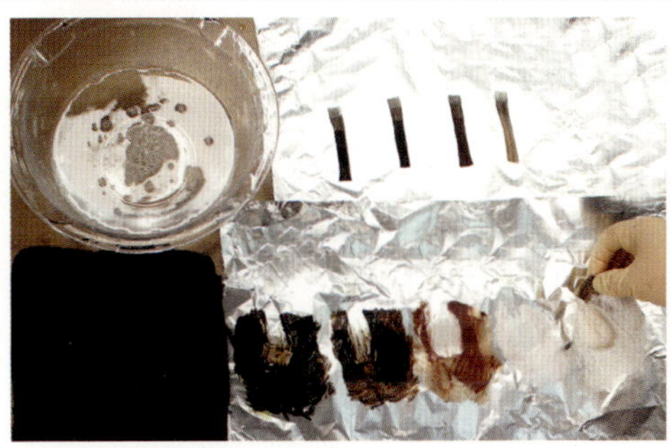

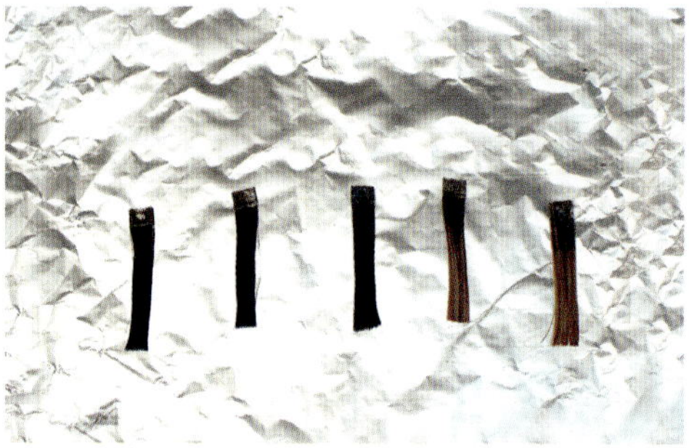

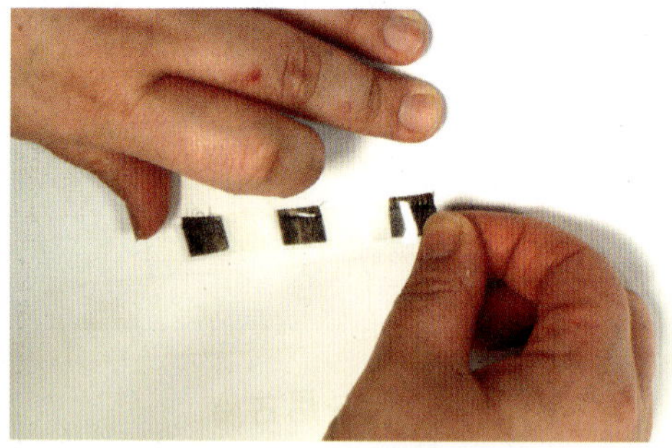

시술 결과

시술 과정 및 결과(W사)

준비물

시술 과정

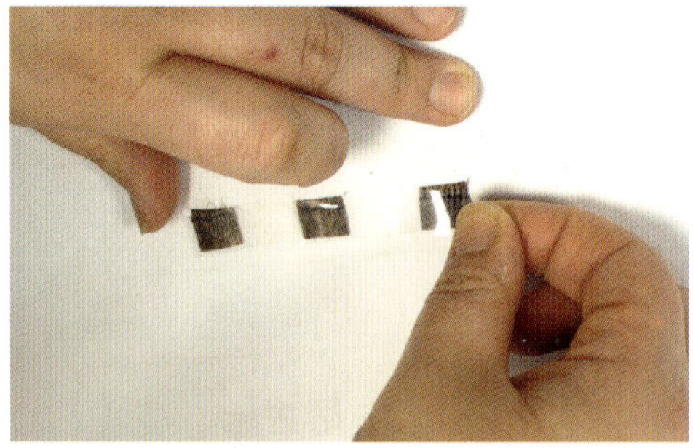

시술 결과

백모염색 차트 만들기

명도레벨 (W사)	3LV	5LV	8LV	9LV	12LV
결과					

실습 과정 사진	
사진	설명

실습 과정 사진	
사진	설명

백모(흰머리) 염색 차트 만들기

명도레벨	LV	LV	LV	LV	LV	LV
결과						

MEMO

Chapter 5 영구 염모제 실습

12th week

2. 컬러 체인지 (블랙빼기)차트 만들기

컬러체인지(블랙빼기)

학습 내용(단원명)	수업 목표
컬러 체인지(블랙빼기) 차트 만들기	• 블랙 염색이 되어있는 헤어스와치에 탈색으로 컬러를 제거 할 수 있으며 그 결과를 헤어스와치에 수행 할 수 있다.

실습목적
헤어스와치에 염색된 블랙 색상을 탈색으로 블랙컬러를 제거할 수 있다.
도포 방법
블랙으로 염색된 헤어스와치에 탈색제와 산화제를(1:1)의 비율로 조제하여 도포한다.
컬러 테스트 및 방치시간
각각 자연방치 시간은 30~40분이며 이후 결과색이 나왔는지 확인한다.
샴푸 후 건조
블랙색상이 빠지는 것을 확인하고 샴푸하여 건조한 후 마무리 한다.

※ 헤어스와치에 블랙색상을 제거하기는 수월하지만 고객에게 직접 시술 했을 때에는 변수가 나타날 수 있다. 즉, 과거 시술했던 염색이 잔류해 있을 수 있으므로 탈색으로 제거를 했을 때 얼룩이 생길 수 있기 때문이다.

시술 과정 및 결과(스와치)

준비물

시술 과정

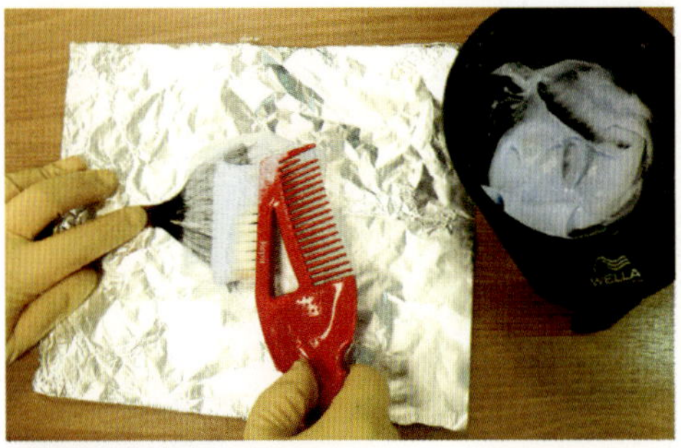

시술 결과

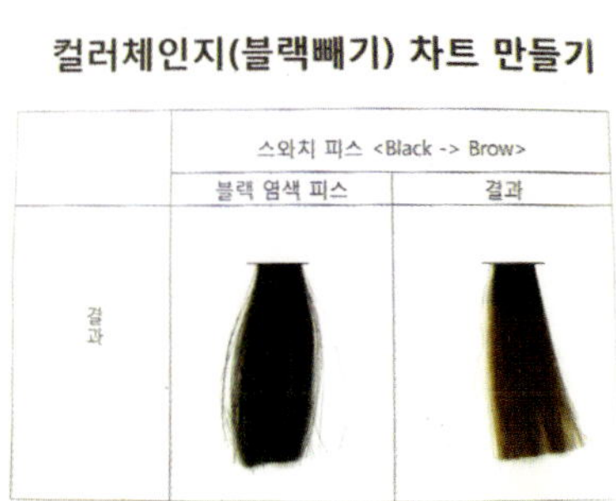

시술 과정 및 결과(인모)

준비물

컬러체인지(블랙빼기) 차트 만들기

시술 과정

시술 결과

컬러체인지(블랙빼기) 차트 만들기

실습 과정 사진

사진	설명

실습 과정 사진

사진	설명

컬러 체인지(블랙빼기) 차트 만들기

	스와치 피스(Black → Brown)	
	블랙 염색 피스	결과
결과		

MEMO

학생 자가진단 및 교수평가

능력단위명 〈코드〉		그레이 헤어컬러 〈1201010126_21v5〉									
진단 영역	진 단 문 항	학생 평가					교수 평가				
		전혀 그렇지않다.	그렇지않은편이다.	보통이다.	다소 그런편이다.	매우 그렇다.	전혀 그렇지않다.	그렇지않은편이다.	보통이다.	다소 그런편이다.	매우 그렇다.
그레이 헤어컬러 준비하기	1 나는 고객의 의복, 피부 등에 염모제가 묻지 않도록 가운, 어깨보 등의 착용을 안내할 수 있다.	①	②	③	④	⑤	①	②	③	④	⑤
	2. 나는 두피 및 모발 상태에 따른 전처리 제품과 도구 및재료를 준비할 수 있다.	①	②	③	④	⑤	①	②	③	④	⑤
	3. 나는 그레이 헤어컬러에 대한 부작용을 확인하기 위해 패치 테스트를 할 수 있다.	①	②	③	④	⑤	①	②	③	④	⑤
	4. 나는 고객과의 상담 시 파악한 요구사항과 두상에 분포되어 있는 그레이 헤어의 비율을 기반으로 염모제를 선택할 수 있다.	①	②	③	④	⑤	①	②	③	④	⑤
	5. 나는 선택한 염모제를 사용하여 그레이 헤어컬러 고객의 요구사항에 따라 염모제와 도포 방법을 결정할 수있다.	①	②	③	④	⑤	①	②	③	④	⑤
그레이 헤어컬러 실행하기	1. 나는 두피 및 모발 상태에 따라 선정된 전처리 제품을도포 할 수 있다.	①	②	③	④	⑤	①	②	③	④	⑤
	2. 나는 그레이 헤어의 분포와 비율에 따라 염모제 도포 순서를 정하고 블로킹할 수 있다.	①	②	③	④	⑤	①	②	③	④	⑤
	3. 나는 블로킹 되어 있는 모다발에 순서대로 염모제를 도포할 수 있다.	①	②	③	④	⑤	①	②	③	④	⑤
	4. 나는 염모제 도포를 완료하고 랩핑 처리 후 처리시간과 가온기 등의 사용 여부를 결정할 수 있다.	①	②	③	④	⑤	①	②	③	④	⑤
	5. 나는 처리 시간 후 컬러 테스트 결과에 따라 기염부와 연결을 위한 코밍 혹은 2차 도포를 할 수 있다.	①	②	③	④	⑤	①	②	③	④	⑤
	6. 나는 원하는 컬러 수준으로 그레이 헤어가 커버가 되었을 경우 고객을 샴푸실로 안전하게 안내할 수 있다.	①	②	③	④	⑤	①	②	③	④	⑤

능력단위명 〈코드〉		그레이 헤어컬러 〈1201010126_21v5〉									
진단영역	진 단 문 항	학생 평가					교수 평가				
		전혀 그렇지않다.	그렇지않은편이다.	보통이다.	다소 그런편이다.	매우 그렇다.	전혀 그렇지않다.	그렇지않은편이다.	보통이다.	다소 그런편이다.	매우 그렇다.
그레이 헤어컬러 마무리 하기	1. 나는 에멀전을 진행하면서 헤어라인 및 피부에 묻은 염모제를 제거할 수 있다.	①	②	③	④	⑤	①	②	③	④	⑤
	2. 나는 헤어컬러 전용 기능성 샴푸를 사용하여 두피 및 모발의 염모제를 제거할 수 있다.	①	②	③	④	⑤	①	②	③	④	⑤
	3. 나는 염모제가 완전히 제거된 모발에 헤어 트리트먼트를 사용할 수 있다.	①	②	③	④	⑤	①	②	③	④	⑤
	4. 나는 충분한 타월 드라이 후 고객을 시술대로 안전하게 안내할 수 있다.	①	②	③	④	⑤	①	②	③	④	⑤
	5. 나는 충분한 타월 드라이 후 고객을 시술대로 안전하게 안내할 수 있다.	①	②	③	④	⑤	①	②	③	④	⑤
	6. 나는 그레이 헤어가 자라는 형태에 대해 설명하고 재방문 시기에 대해 안내할 수 있다.	①	②	③	④	⑤	①	②	③	④	⑤
	7. 나는 홈케어 방법에 대해 설명하고 헤어스타일을 마무리 할 수 있다.	①	②	③	④	⑤	①	②	③	④	⑤
	8. 나는 그레이 헤어컬러 시술이 끝나고 사용한 도구 및 기기, 제품 등을 정리 정돈하여 보관한다.	①	②	③	④	⑤	①	②	③	④	⑤

[진단결과]

진단영역	문항 수	점수	점수 ÷ 문항 수	문항 수	점수	점수 ÷ 문항 수
그레이 헤어컬러 준비하기	5			5		
그레이 헤어컬러 실행하기	6			6		
그레이 헤어컬러 마무리하기	8			8		
합 계	19			19		

* 자신의 점수를 문항 수로 나눈 값이 '3점' 이하에 해당하는 영역은 업무를 성공적으로 수행하는 데 요구되는 능력이 부족한 것이므로 교육훈련이나 개인학습을 통한 능력개발이 필요함.

[교수자 피드백]

Chapter 6

헤어컬러링 도포방법 실습

컬러링 기본 도포기법

- 13주 원터치 도포 실습(가발/모델)
- 14주 투터치 도포 실습(가발/모델)
- 15주 쓰리터치 도포 실습(가발/모델)

1. 컬러링 기본 도포기법

모발의 길이와 굵기, 모량에 따라 염색 도포 시 여러 가지 방법이 있으며, 가장 기본적인 도포 방법으로 원터치(one touch), 투 터치(two touch), 쓰리 터치(three touch)가 있다.

모발은 모근 가까운 곳 1~2cm 정도는 두피 체온의 영향을 받으므로 모발 끝이나 중간 부분에 비해 작용시간이 1~2배 정도 더 빨라지므로 주의하며 시술해야 한다.

도포테크닉과 모발길이

- 원터치(one touch)– 모발길이가 2cm 이하인 경우
- 투 터치(two touch)– 모발길이가 2~20cm인 경우
- 쓰리 터치(three touch)– 모발길이가 20cm 이상인 경우

(1) 원터치(one touch)

시술 방법은 두피에서 모발 끝까지 한 번에 도포하는 것을 말한다.

- 주로 자연 모발 색상보다 어둡기 때문에 모발의 길이에 영향을 받지 않을 경우
- 모발의 길이가 2cm 내외여서 염색진행 속도에 영향을 받지 않을 경우

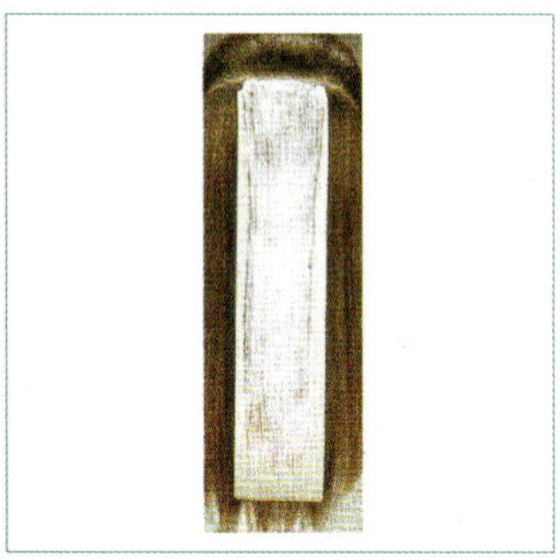

(2) 투 터치(two touch)

시술 방법은 두피에서 1~2cm 이하를 제외한 스트랜드 부분을 도포하고 일정 작용이 지난 후 나머지 부분을 도포하는 것을 말한다.

- 주로 희망색이 자연 모발색상보다 밝고 모발 길이가 긴 경우

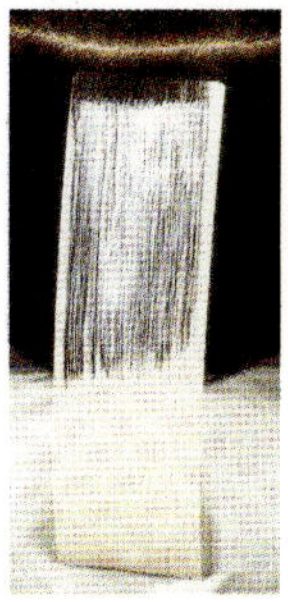	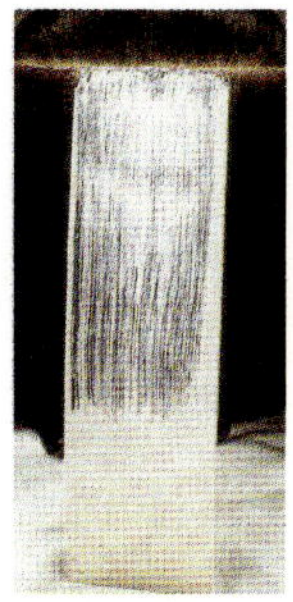
1차 도포	2차 도포

(3) 쓰리 터치(three touch)

시술 방법은 두피에서 20cm를 제외한 모발의 끝 부분을 도포한 후 일정작용 시간이 지나면 두피에서 1~2cm를 제외한 부분에 염색제를 도포한다. 그 다음 다시 일정 작용 시간까지 방치한 다음 두피쪽 1~2cm 부위에 염색제를 도포하는 것을 말한다.

- 도포색이 자연 모발 색상보다 밝고 모발 길이가 20cm 이상인 경우

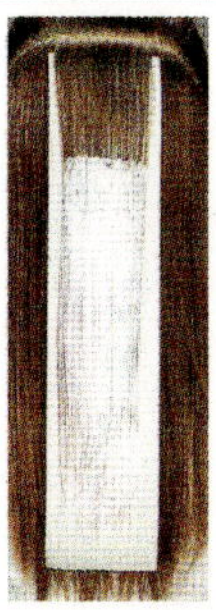	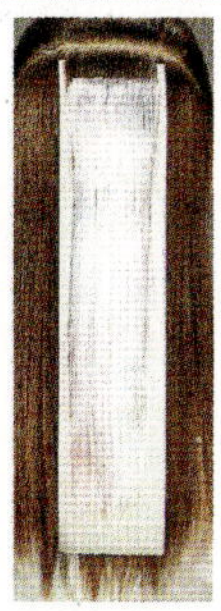	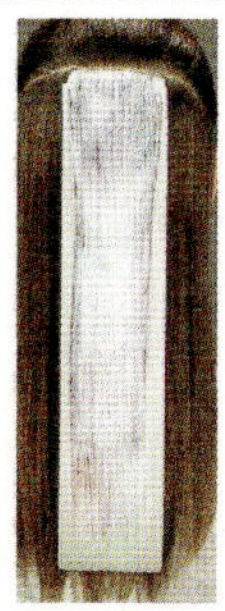
1차 도포	2차 도포	3차 도포

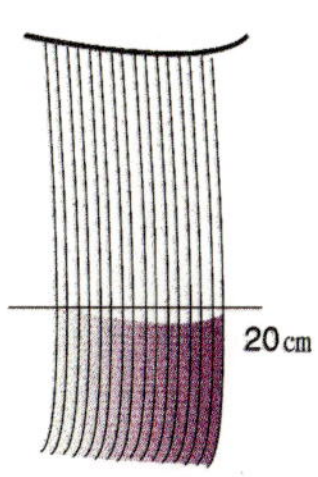

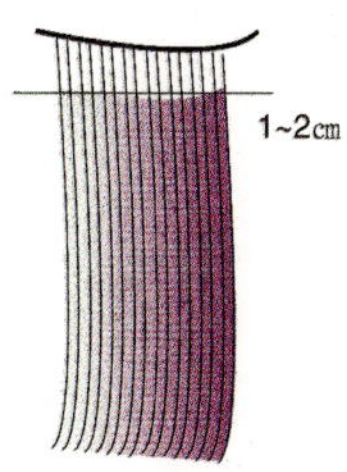

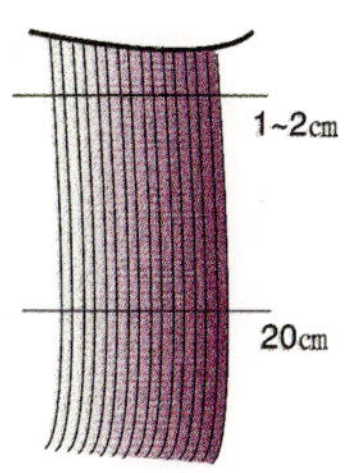

분류번호	1201010125_21v6
능력단위 명칭	베이직 헤어컬러
능력단위 정의	베이직 헤어컬러란 블리치 레벨 차트와 컬러 차트에서 고객이 선택한 컬러의 염모제를 모발에 원터치 또는 투 터치 등의 도포법을 적용하여 모발의 색을 변화시키는 능력이다.

능력단위 요소	수 행 준 거
1201010125 _21v6.1 베이직 헤어컬러 준비하기	1.1 고객 상담을 위해 블리치 레벨 차트와 컬러 차트를 만들 수 있다. 1.2 고객의 의복, 피부 등에 염모제가 묻지 않도록 가운, 어깨보 등의 착용을 안내할 수 있다. 1.3 염모제를 사용하여 고객에게 패치테스트 및 스트랜드 테스트를 할 수 있다. 1.4 염모제를 사용하여 고객에게 패치테스트 및 스트랜드 테스트를 할 수 있다. 1.5 헤어컬러를 결정하는 염모제를 선택할 수 있다. 1.6 염모제 사용법을 파악하여 필요량을 덜어 놓는 등 사전 작업을 할 수 있다.
	지식 • 블리치 레벨 차트 및 컬러 차트 제작 방법 • 전처리 제품에 관한 지식 • 패치테스트 방법 • 스트랜드 테스트 방법 • 색채의 이해와 색상환에 관한 지식 • 염모제의 종류와 사용법에 관한 지식 • 탈색제의 특성과 사용법에 관한 지식 • 염색 탈색의 원리와 모발에 관한 지식 • 염모제 사용량에 관한 지식
	기술 • 블리치 레벨 차트 및 컬러 차트 제작 능력 • 전처리 제품 사용 능력 • 패치테스트 기술 • 스트랜드 테스트 기술 • 염모제의 종류에 따라 적합한 사용을 할 수 있는 능력 • 모발 상태에 따른 적당량의 염모제 준비 능력
	태도 • 블리치 레벨 차트 및 컬러 차트 제작 능력 • 전처리 제품 사용 능력 • 패치테스트 기술 • 스트랜드 테스트 기술 • 염모제의 종류에 따라 적합한 사용을 할 수 있는 능력 • 모발 상태에 따른 적당량의 염모제 준비 능력
1201010125 _21v6.2 베이직 헤어컬러 실행하기	2.1 염모제 사용법을 파악하여 필요량을 덜어 놓는 등 사전 작업을 할 수 있다. 2.2 고객의 두피와 의복 등에 염모제가 묻지 않도록 정해진 시간 내에 도포할 수 있다. 2.3 염모제 도포 후 처리 방법과 시간을 결정할 수 있다. 2.4 염모제의 발색 촉진을 위해 가온기나 음이온기기 등의 사용 여부를 결정할 수 있다. 2.5 염모제의 발색을 확인하기 위해 컬러 테스트를 할 수 있다. 2.6 원하는 정도의 발색이 확인되면 고객을 안전하게 샴푸실로 안내할 수 있다.

<table>
<tr><th>능력단위 요소</th><th>수 행 준 거</th></tr>
<tr><td rowspan="3"></td><td>지 식
• 원터치 및 투터치 등 도포 방법
• 가온기나 음이온기기 사용 방법
• 염모제 사용과 가온에 관한 지식
• 모발상태와 목적에 따른 처리시간에 관한 지식
• 컬러 테스트 방법</td></tr>
<tr><td>기 술
• 원터치 및 투 터치 등 도포 테크닉
• 가온기나 음이온기기 사용 능력
• 염모제 종류별 사용 능력
• 염 · 탈색제품 발색 시간 적용 능력
• 염 · 탈색제품 종류를 구분하는 능력
• 컬러 테스트 스킬</td></tr>
<tr><td>태 도
• 염 · 탈색제 처리시간을 준수하는 태도
• 염 · 탈색제의 정확한 도포를 위한 노력
• 신속하고 안전하게 서비스하려는 의지
• 도포방법에 따른 염색 및 탈색 결과를 확인하는 태도
• 염 · 탈색제를 안전하고 정확하게 사용하려는 노력
• 자연처리와 가온기 적용시간을 준수하는 태도
• 색의 혼합과 도포법에 따른 염색결과를 확인하는 태도
• 제품의 정량사용으로 자원 낭비와 환경오염을 최소화하려는 노력</td></tr>
<tr><td rowspan="4">1201010125
_21v6.3
베이직 헤어컬러
마무리하기</td><td>3.1 두피와 모발에 도포된 염모제를 제거하기 위해 에멀전 샴푸를 할 수 있다.
3.2 샴푸로 염모제가 완전히 제거된 모발에 트리트먼트제를 사용할 수 있다.
3.3 트리트먼트제를 충분히 헹구어 낸 후 물기를 제거하고 고객을 시술대로 안내할 수 있다.
3.4 타월 드라이 및 핸드 드라이 기법으로 모발을 건조할 수 있다.
3.5 고객이 원하는 스타일로 마무리한 후 주변을 정리 정돈할 수 있다.</td></tr>
<tr><td>지 식
• 염 · 탈색제품 및 목적별 마무리 샴푸 방법
• 염모제 공용 리무버 사용에 관한 지식
• 염모제 공용 리무버 사용에 관한 지식</td></tr>
<tr><td>기 술
• 염 · 탈색제품 및 사용 목적별 마무리 샴푸 능력
• 염모제 공용 리무버 사용 능력
• 타월 드라이 및 핸드 드라이 방법의 모발 건조 능력</td></tr>
<tr><td>태 도
• 고객 만족을 위해 최선을 다하는 노력
• 피부에 묻은 염 · 탈색제를 깨끗하게 제거하는 자세
• 주변을 정돈하고 도구를 청결하게 정리하는 자세</td></tr>
</table>

Chapter 6 헤어컬러링 도포 방법 실습

13 *th week*

원터치 도포 실습 (가발 / 모델)

원터치 도포 실습

학습 내용(단원명)	수업 목표
원터치 도포 실습 (가발/모델)	• 가발과 모델에게 염 · 탈색제를 원터치로 도포하여 모발의 색을 변화시킬 수 있으며 그 결과를 수행할 수 있다.

1. 준비하기

1. 컬러 도포

목적에 맞게 신속하고 정확하게 도포한다.

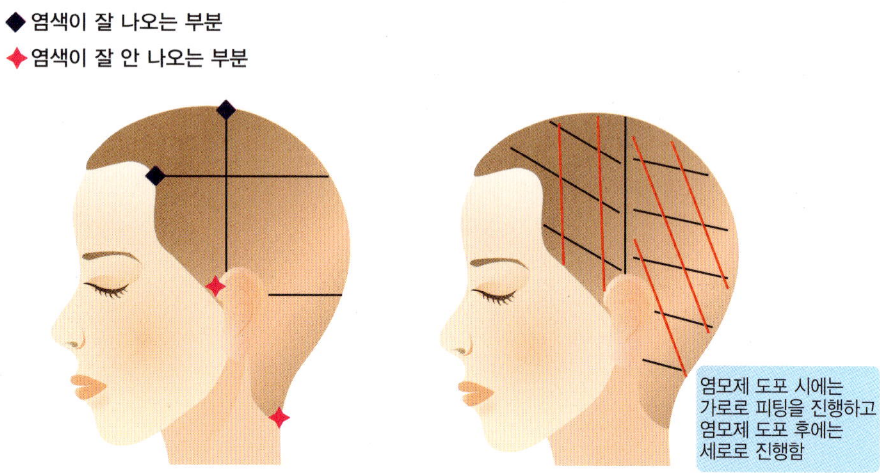

〈염모제 도포 시 유의할 부분〉 〈염모제 도포와 크로스 체크〉

그림 6-1 염모제 도포

2. 염모제 도포량을 조절하는 브러시 각도

브러시의 각도를 세우면 도포량이 적어지고, 각도를 눕힐수록 도포량이 많아진다.

90˚ 45˚

그림 6-2 브러시 각도로 도포량 조절

파팅의 각도를 직각에 가깝게 들면 스트랜드에만 염모제가 도포 되지만, 파팅의 각도를 낮출수록 베이스까지 잘 도포된다.

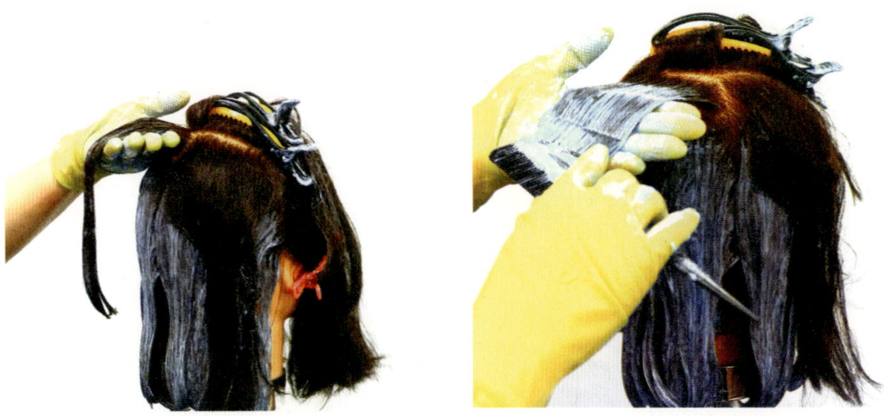

그림 6-3 파팅의 각도에 따른 염모제 도포

3. 섹션의 폭

섹션의 폭은 약액의 양과 도포시간에 크게 영향을 받으므로 정확한 섹션을 나누도록 한다.

- 뿌리 근처 섹션의 폭은 1cm씩
- 중간 모양 섹션의 폭은 2~3cm씩

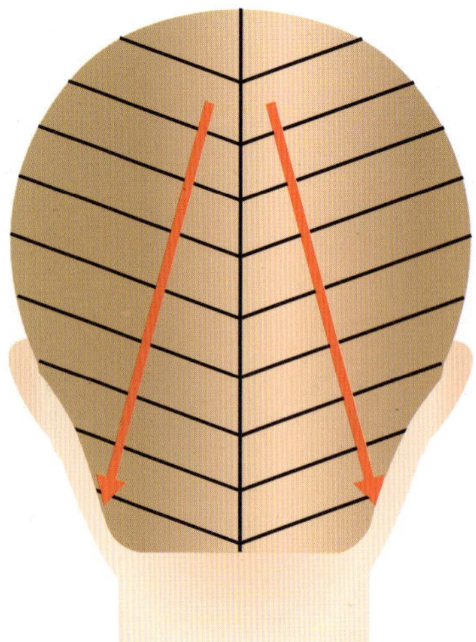

그림 6-4 섹션 나누기

원터치(One Touch)

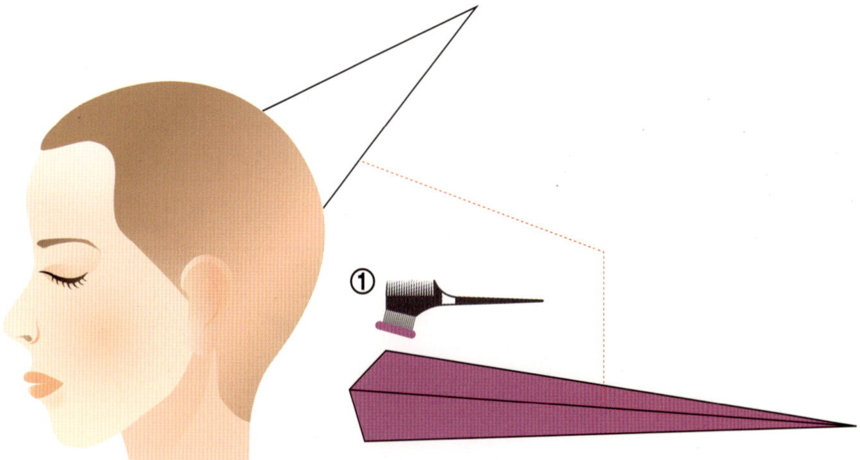

백모 염색이거나 어둡게 염색할 경우에는 원터치 방법으로 시술한다. 단, 백모 염색일 경우는 전두부에서 후두부로 진행한다. 백모 재염색일 경우에 자란 부분(신생부)을 먼저 도포하고 나머지 부분(기염부)은 색상 도포 또는 컬러 매치(Comb through)를 해서 색상을 맞춘다.

시술순서

1. 상담 및 모발 진단
2. 컬러 선정
3. 보호용 크림 도포
4. 컬러 도포
5. 방치시간(30~40분)
6. 컬러 테스트
7. 샴푸&트리트먼트
8. 스타일링 & 홈케어

2. 원터치 도포 실습(가발)※

<table>
<tr><th colspan="2">시술도구 및 준비</th></tr>
<tr><td colspan="2">
</td></tr>
<tr><th>시술 전</th><th>시술 후</th></tr>
<tr><td></td><td></td></tr>
</table>

※ 가발에 염모제 시술 시 발색력을 보기 어려운 관계로 부득이하게 탈색제로 작업하여 촬영된 점을 이해 바랍니다.

베이직 헤어컬러 시술하기

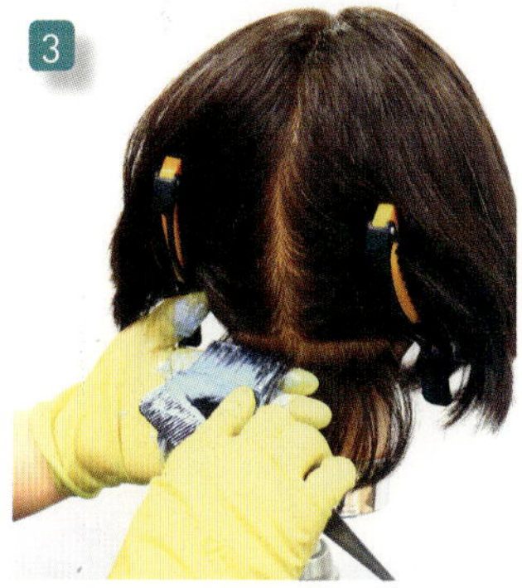

(1) 4등분 블로킹으로 나눈 후 섹션의 폭을 2cm 내외로 나눈다.

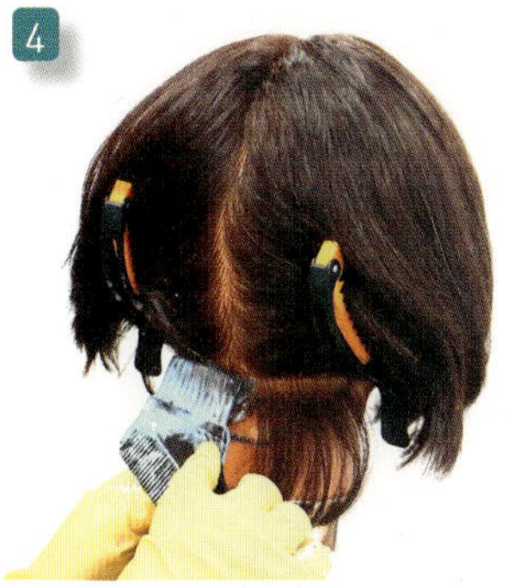

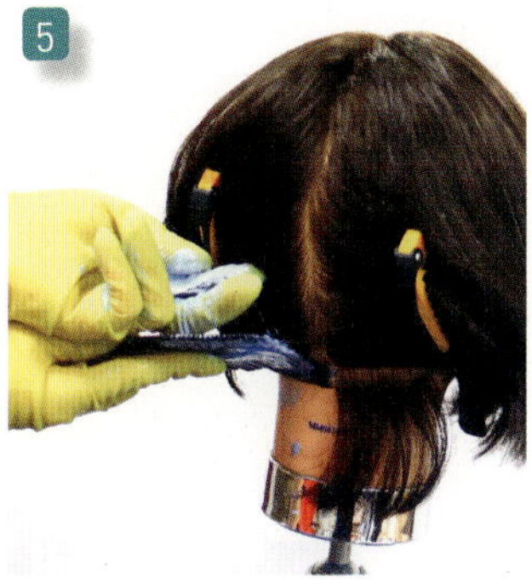

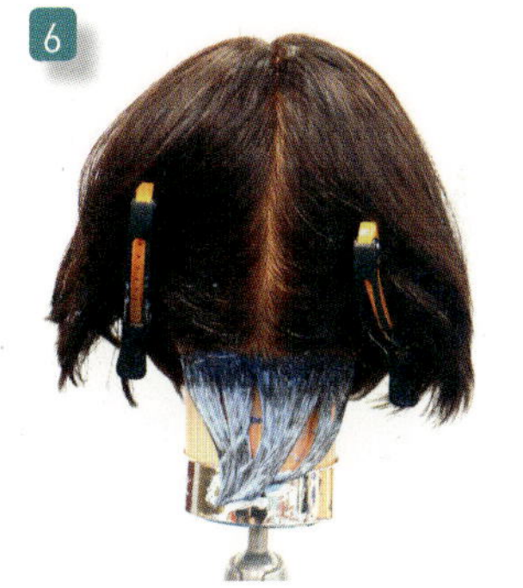

(2)~(6) 두피부터 모발 끝까지 도포한다.

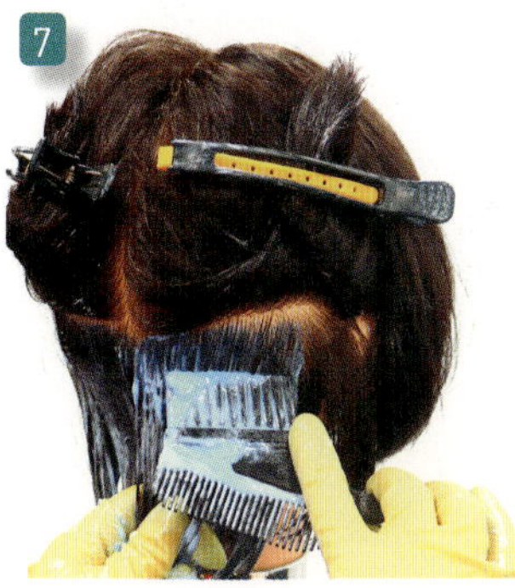

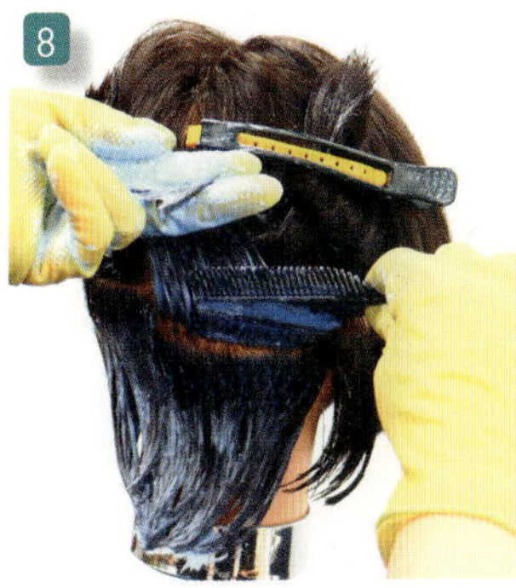

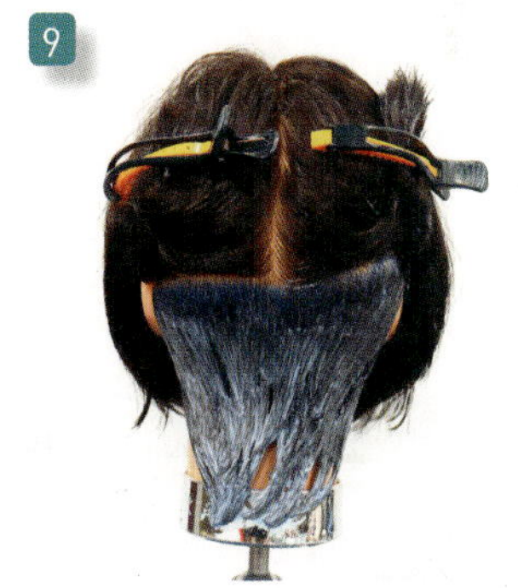

(7)~(9) 두 번째, 세 번째 단도 동일하게 두피부터 모발 끝까지 도포한다.

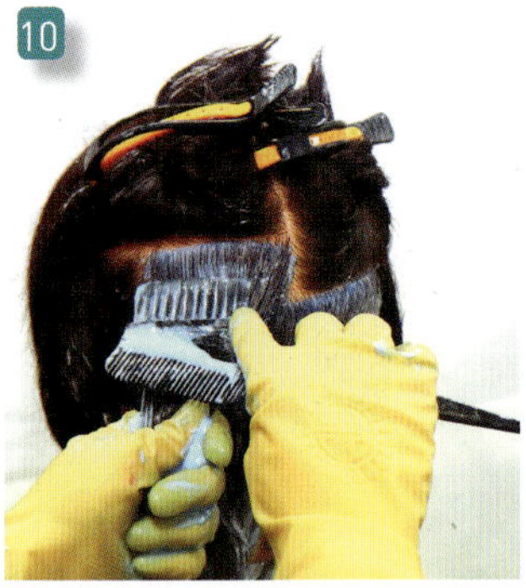
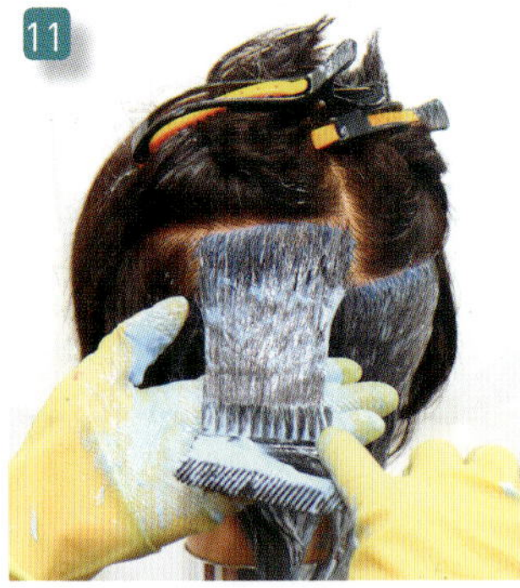

(10)~(13) 나머지 단도 2cm의 슬라이스 간격으로 동일하게 진행한다.

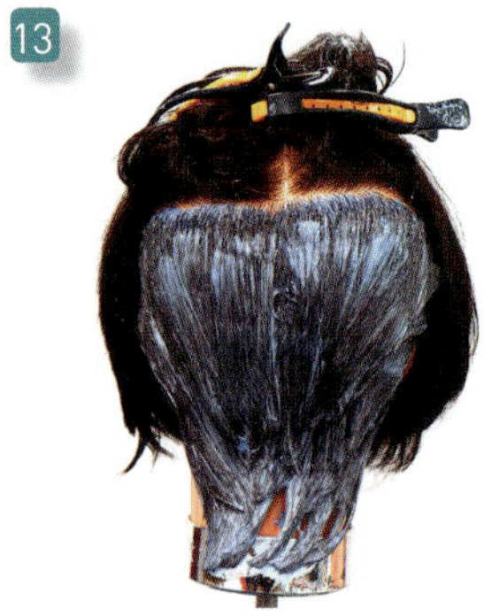
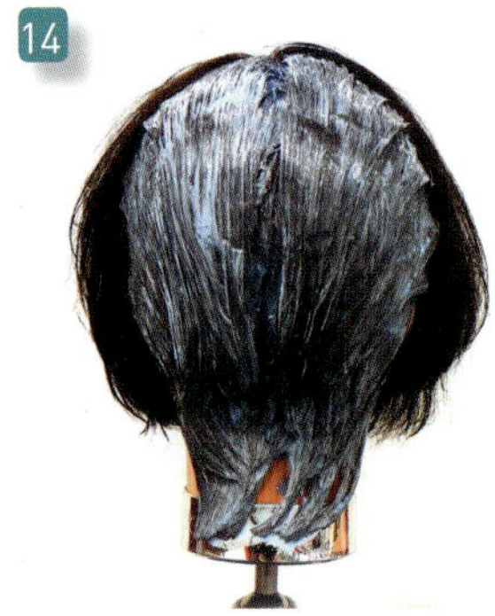

(14)~(15) 백 전체를 도포한 후

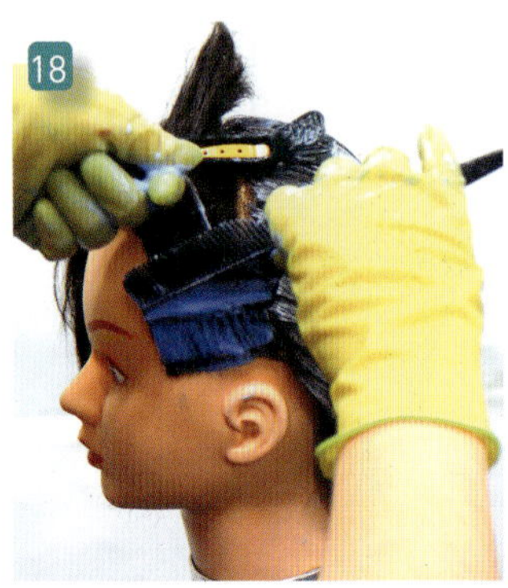

(16)~(18) 사이드 부분도 모근부터 모선까지 동일하게 진행한다.
두피 쪽을 도포할 때에는 슬라이스 패널 위와 아래를 모두 도포한다.

(19)~(21) 양쪽 사이드 모두 동일하게 도포한다.

(22)~(23) 원터치 도포를 한 상태

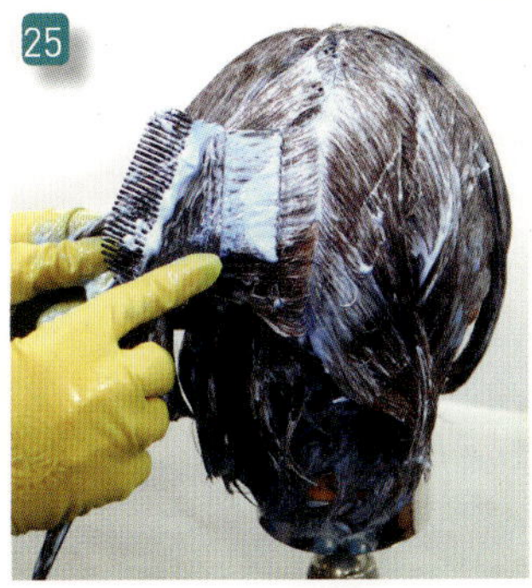

(24)~(25) 원터치로 도포를 끝낸 후 수직 또는 사선으로 크로스 체킹을 한다.

베이직 헤어컬러 마무리하기

앞(FRONT)	뒤(BACK)
	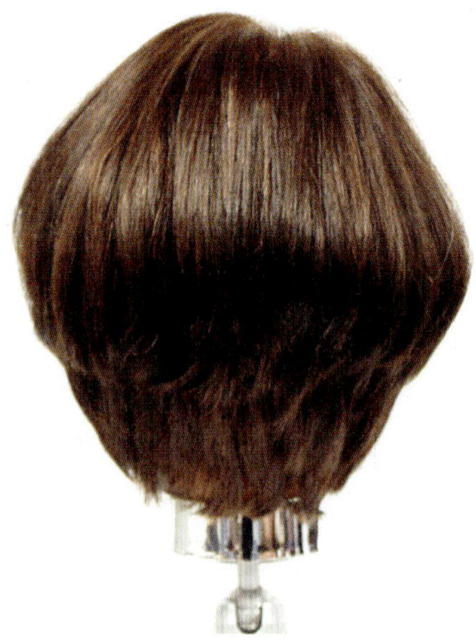
우측(RIGHT SIDE)	좌측(LEFT SIDE)

3. 원터치 도포 실습(모델)

<table>
<tr><th colspan="2">시술도구 및 준비</th></tr>
<tr><td colspan="2">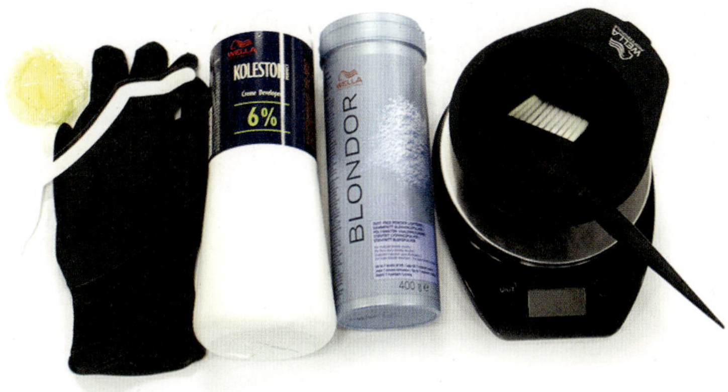
</td></tr>
<tr><th>시술 전</th><th>시술 후</th></tr>
<tr><td>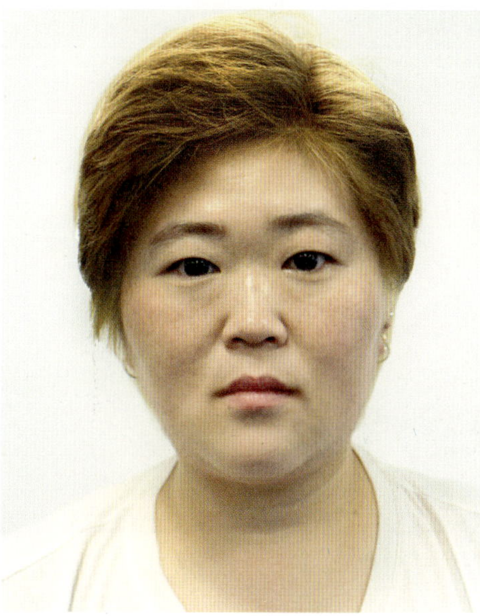</td><td>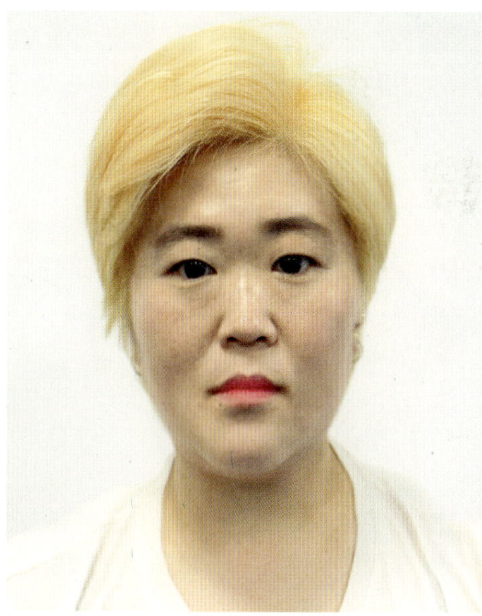</td></tr>
</table>

베이직 헤어컬러 시술하기

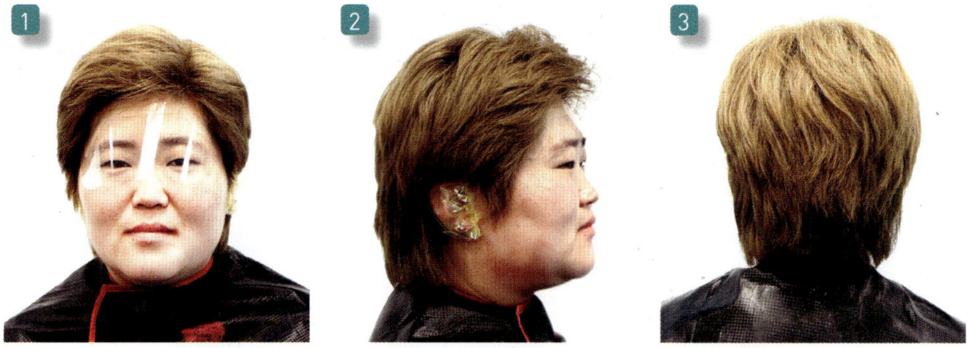

(1)~(3) 시술 전 모델의 모습(탈색을 여러번 했던 모발로 전체 더 밝게 원하심)

(4)~(6) 기염부와 신생부 모두 두피부터 모발 끝까지 원터치로 진행한다.

(7)~(9) 두 세 번째 단도 동일하게 두피부터 모발 끝까지 도포한다.

10

11

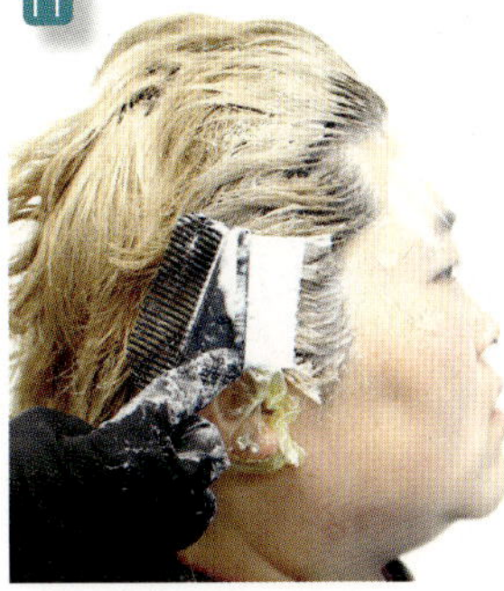

12

(10) 두피부분에 도포가 안된 곳이 없도록 꼼꼼하게 도포한다.
(11)~(12) 사이드 구레나룻 부분과 센터 포인트 쪽은 탈색제를 넉넉히 도포한다.

13

14

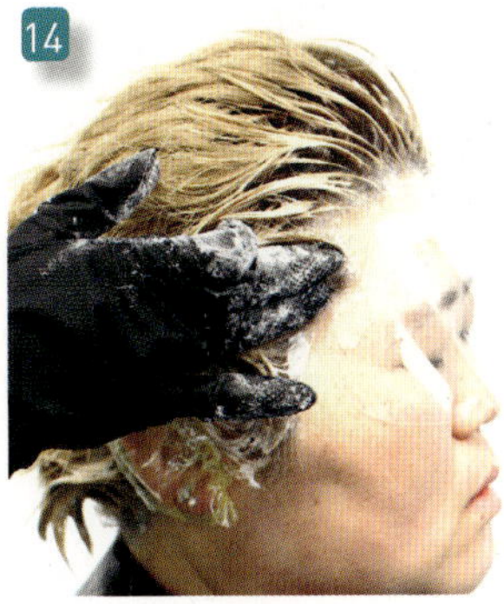

(13)~(14) 전체적으로 크로스 체크하며 다시 한번 확인하면서 도포한다.

15

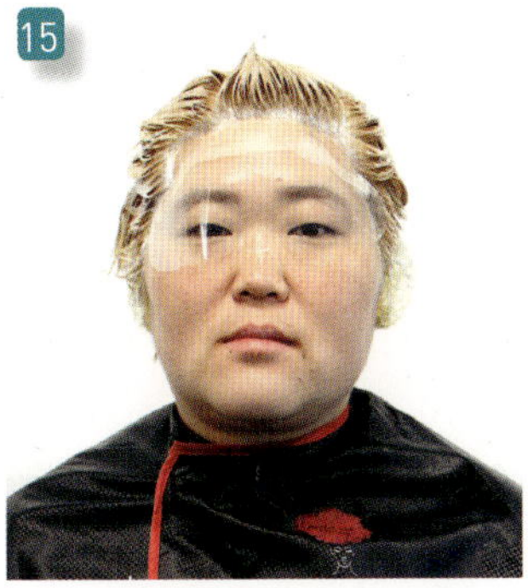

16

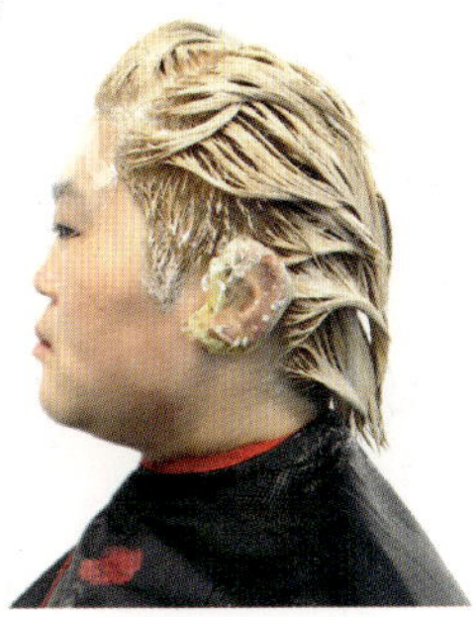

17

(15)~(17) 원터치 도포가 끝난 상태

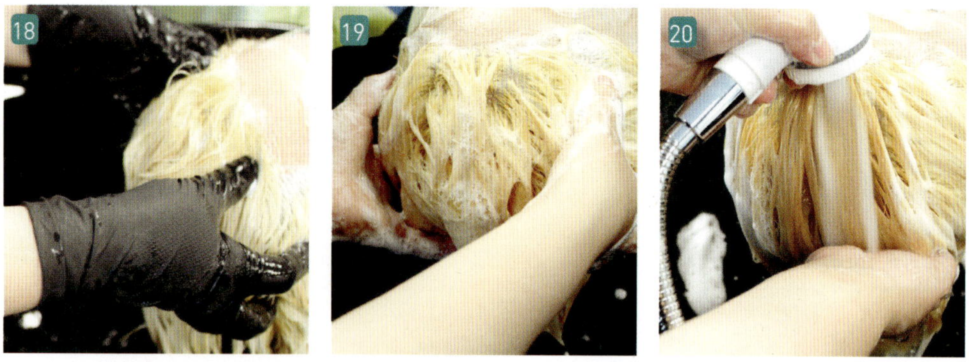

(18) 두피에 탈색약이 남아 있지 않도록 에멀전 작업을 진행한다.
(19)~(20) 염색전용 샴푸를 사용한 후 헹궈낸다.

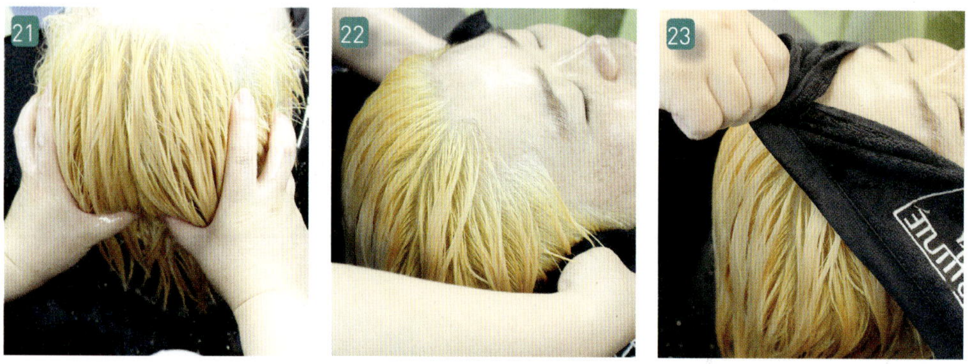

(21)~(23) 지압으로 샴푸를 마무리 한다.

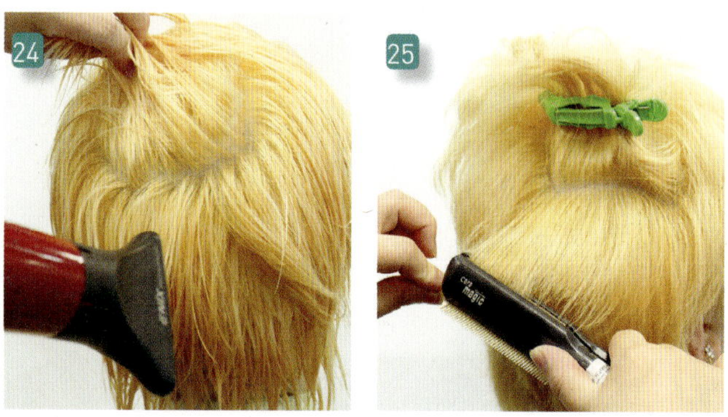

(24)~(25) 드라이로 말리고 가볍게 스타일링을 한다.

베이직 헤어컬러 마무리하기	
앞(FRONT)	뒤(BACK)
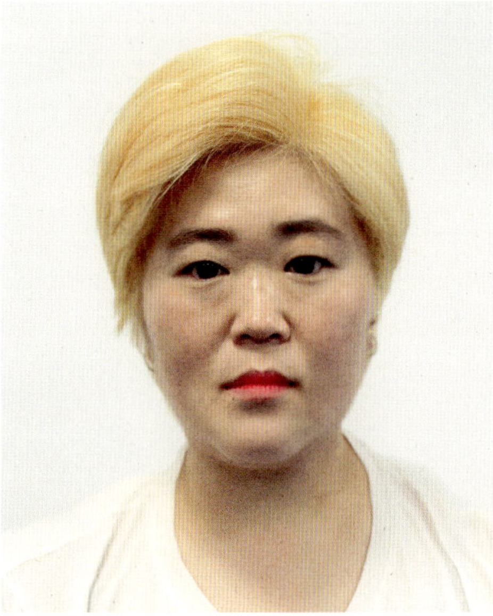	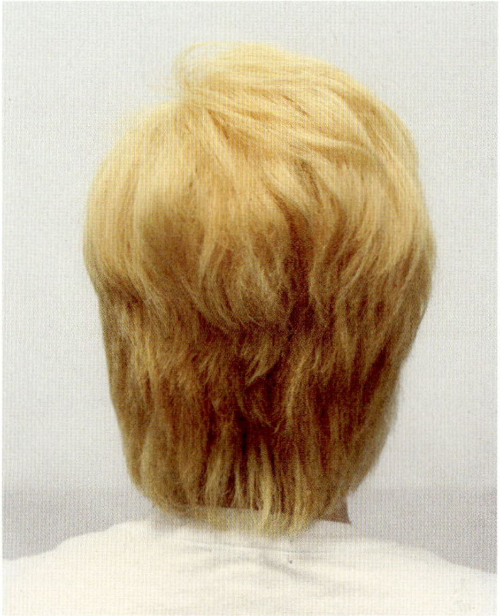
우측(RIGHT SIDE)	좌측(LEFT SIDE)
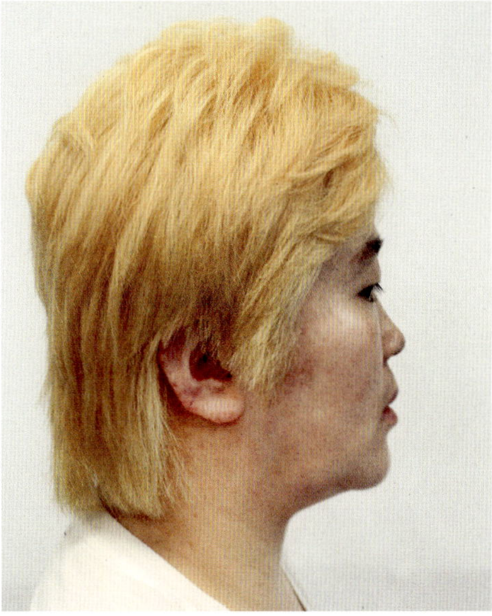	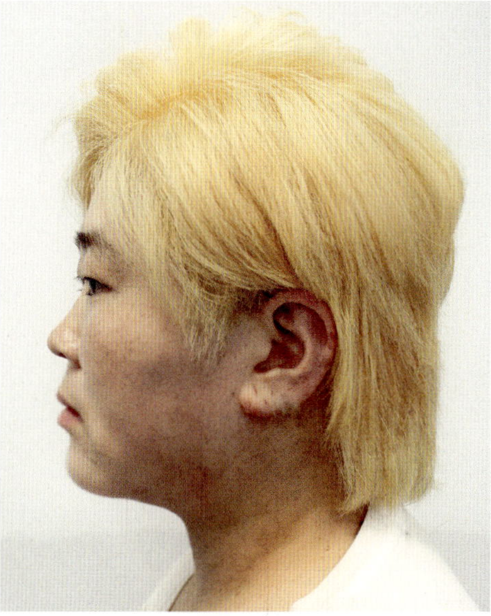

〈서식 1〉

개인정보 수집 및 사진 이용 동의서

본인은
대학교 헤어 미용과 교재로 사용될『베이직 헤어 컬러링 교재』에 사용되는 헤어시술모델과 관련하여 개인정보를 제공 및 시술사진 활용하는 것을 동의합니다.

1. 목적 : 작품별 관련 모델 시술자료
2. 수집항목 : 본인 얼굴이미지와 시술과정 사진

20 년 월 일

■ 본인

- 성 명 : ____________ (서명) ____________
- 생 년 월 일 : ____________
- 주 소 : ________________________
- 확인(시술자) : ____________ (서명) ____________

개인정보보호법 제15조

개인정보 수집 · 이용에 동의	동의	□	미동의	□
사진활용에 동의	동의	□	미동의	□

실습 과정 사진	
사진	설명

실습 결과 사진	
앞(FRONT)	뒤(BACK)
우측(RIGHT SIDE)	좌측(LEFT SIDE)

MEMO

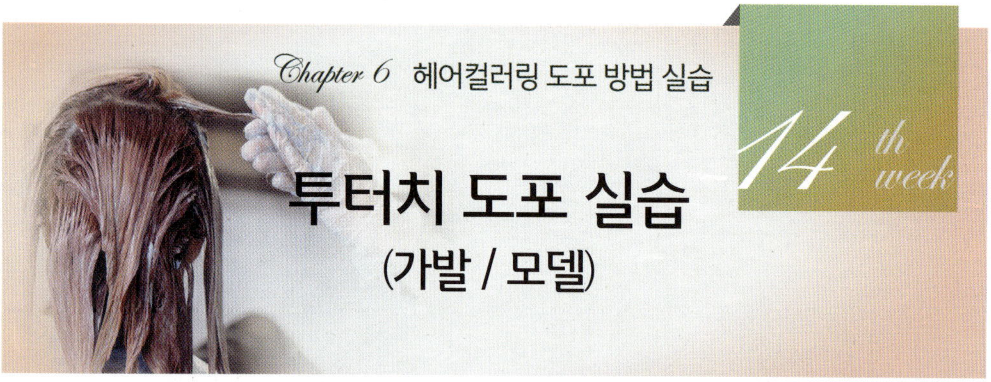

Chapter 6 헤어컬러링 도포 방법 실습

14 th week

투터치 도포 실습
(가발 / 모델)

투터치 도포 실습

학습 내용(단원명)	수업 목표
투터치 도포 실습 (가발/모델)	• 가발과 모델에게 염모제를 투터치로 도포하여 모발의 색을 변화시킬 수 있으며 그 결과를 수행할 수 있다.

1. 준비하기

1. 컬러 도포

목적에 맞게 신속하고 정확하게 도포한다.

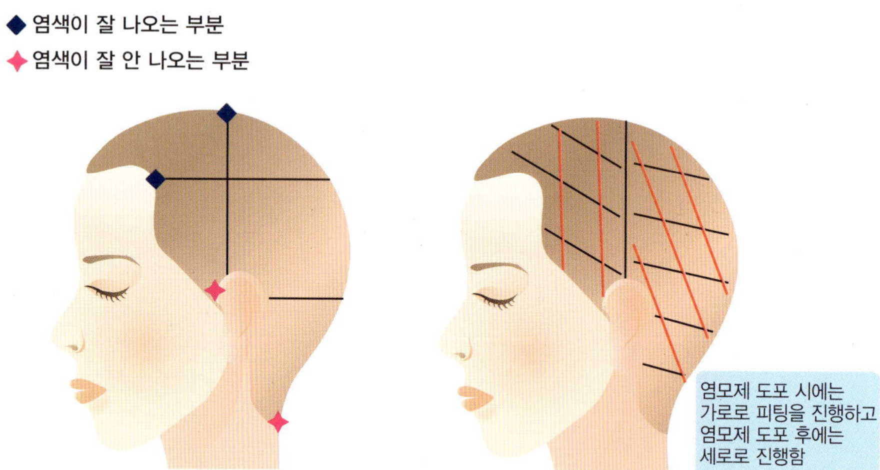

〈염모제 도포 시 유의할 부분〉 〈염모제 도포와 크로스 체크〉

그림 6-5 염모제 도포

2. 염모제 도포량을 조절하는 브러시 각도

브러시의 각도를 세우면 도포량이 적어지고, 각도를 눕힐수록 도포량이 많아진다.

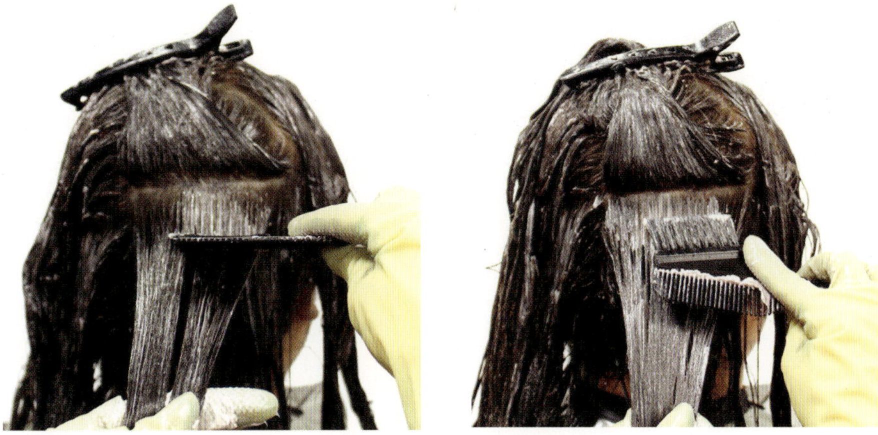

90°　　　　45°

그림 6-6 브러시 각도로 도포량 조절

파팅의 각도를 직각에 가깝게 들면 스트랜드에만 염모제가 도포되지만, 파팅의 각도를 낮출수록 베이스까지 잘 도포된다.

그림 6-7 파팅의 각도에 따른 염모제 도포

3. 섹션의 폭

섹션의 폭은 약액의 양과 도포시간에 크게 영향을 받으므로 정확한 섹션을 나누도록 한다.

- 뿌리 근처 섹션의 폭은 1cm씩
- 중간 모양 섹션의 폭은 2~3cm씩

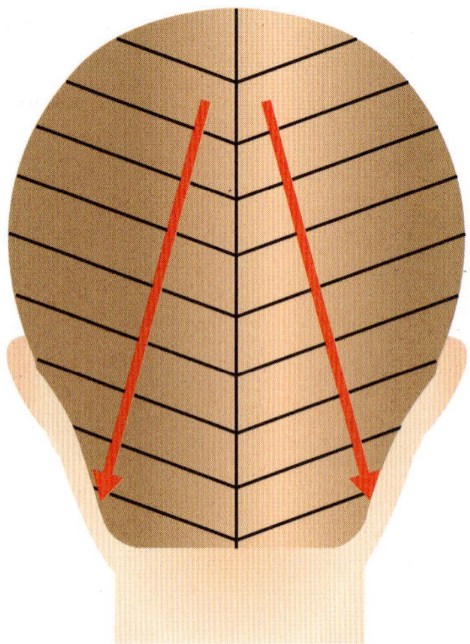

그림 6-8 섹션 나누기

투터치(Two Touch)

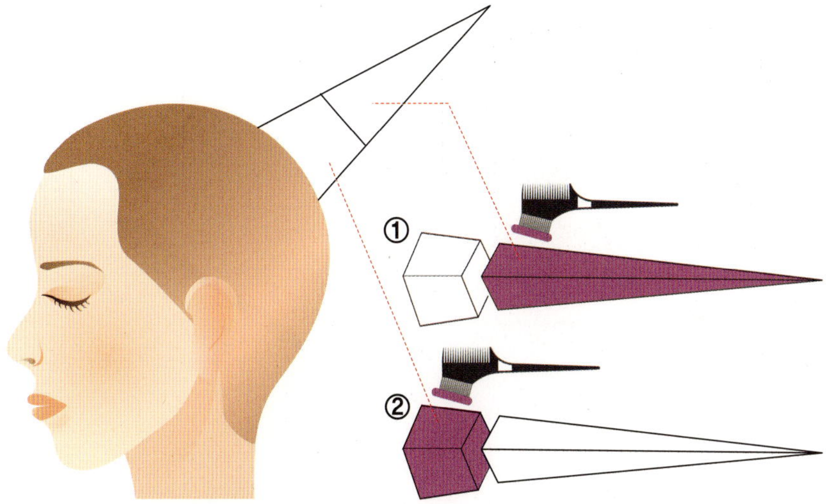

밝게 하는 염색(짧은 머리)일 경우에는 두피 부근의 온도가 높기 때문에 원터치 했을 때 두피 부위가 밝게 나온다. 따라서 두피에서 1~1.5cm 띄우고 모발 끝까지 먼저 도포한다. (이때 모발 끝이 손상되어 있으면 1~2cm 남겨 두고 도포) 스트랜드 테스트로 컬러를 체크한 후 두피 부위에 도포한다.

시술순서

1. 상담 및 모발 진단
2. 색상 및 기술 선정
3. 블로킹
4. 컬러 1차 도포 방치시간 (20분)
5. 컬러 2차 도포 방치시간 (10분)
6. 컬러 테스트
7. 샴푸& 트리트먼트
8. 스타일링 & 홈케어

2. 투터치 도포 실습(가발)※

<table>
<tr><th colspan="2">시술도구 및 준비</th></tr>
<tr><td colspan="2"></td></tr>
<tr><th>시술 전</th><th>시술 후</th></tr>
<tr><td></td><td></td></tr>
</table>

※ 가발에 염모제 시술시 발색력을 보기 어려운 관계로 부득이하게 탈색제로 작업하여 촬영된 점을 이해바랍니다.

베이직 헤어컬러 시술하기

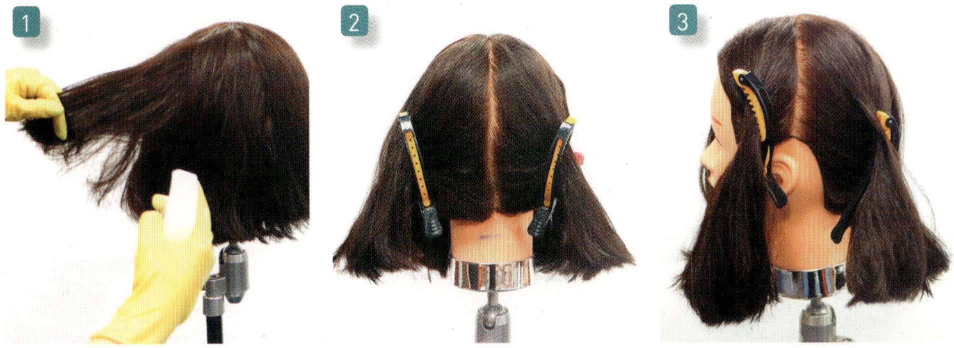

(1)~(3) 모발 전체에 약간의 이슬 분무를 하고 4등분 블로킹으로 나눈다.

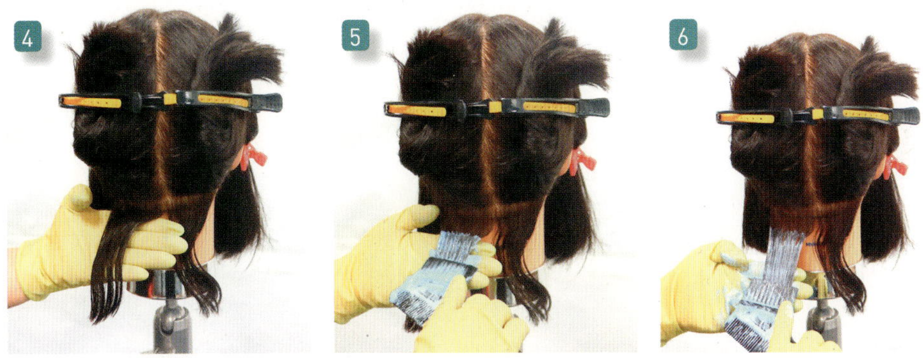

(4)~(6) 모근에서 1~1.5cm 내외로 남겨 두고 모선까지 도포한다.

(7)~(9) 좌측을 도포하고 우측을 도포하면서 윗단으로 이동하는 순서이다.

10

11

(10)~(11) 두 번째, 세 번째 단도 동일하게 진행한다.

12

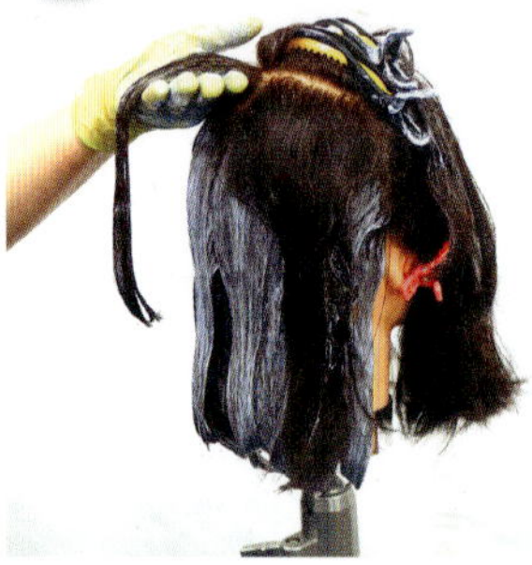

13

14

(12)~(14) 나머지 부분도 동일하게 진행한다.
모발을 든 슬라이스 패널은 90°로 들어 올려서 도포한다. (각도가 쳐지면 아래쪽 모근에 염모제가 묻음)

15

16

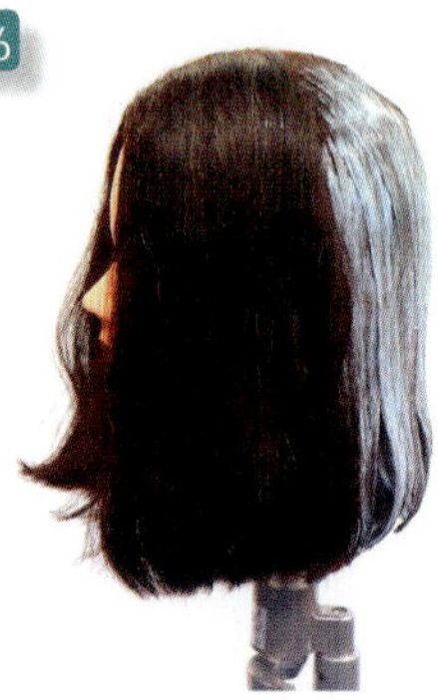

(15)~(16) 백 전체가 도포된 상태

17
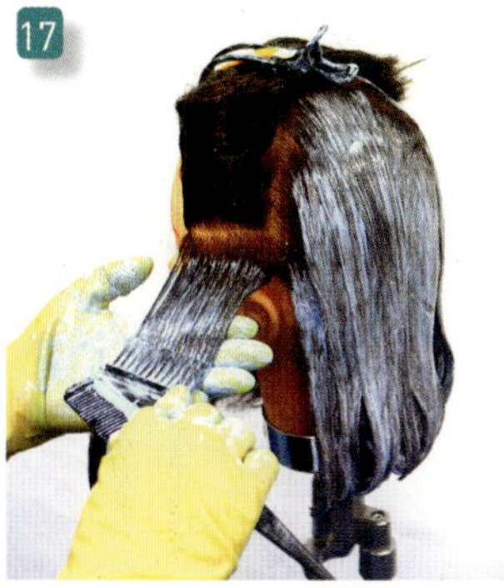
18
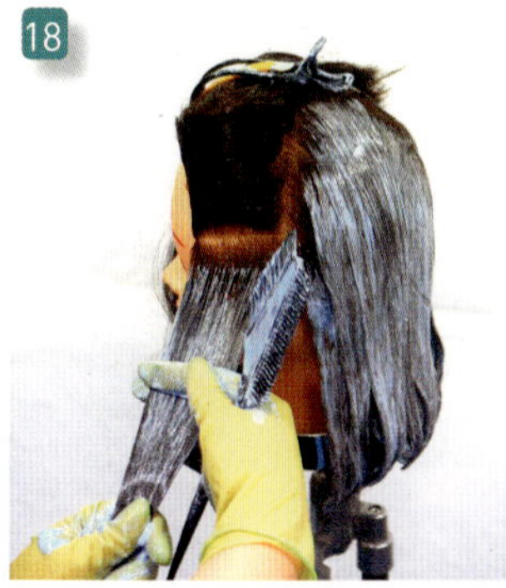
19

(17)~(19) 사이드도 동일한 방법으로 진행한다.

20

21

22

23

(20)~(23) 모근을 제외한 부분이 1차 도포된 상태

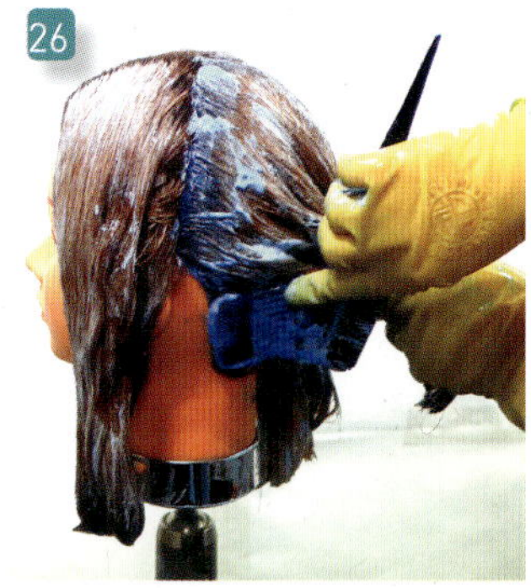

(24)~(26) 백 부분의 왼쪽, 오른쪽 둘레를 먼저 도포한다.

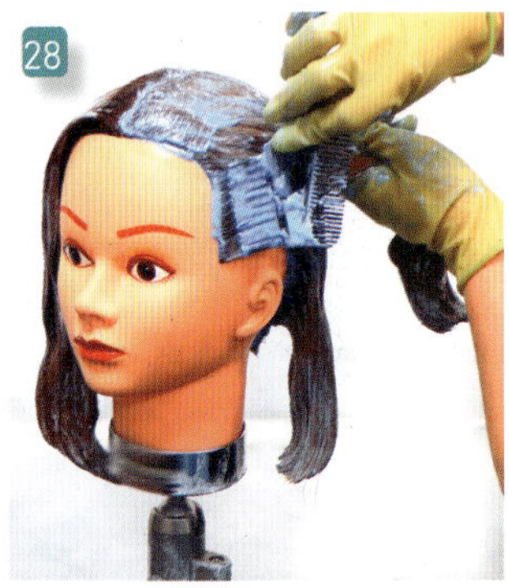

(27)~(29) 사이드 둘레도 도포한다.

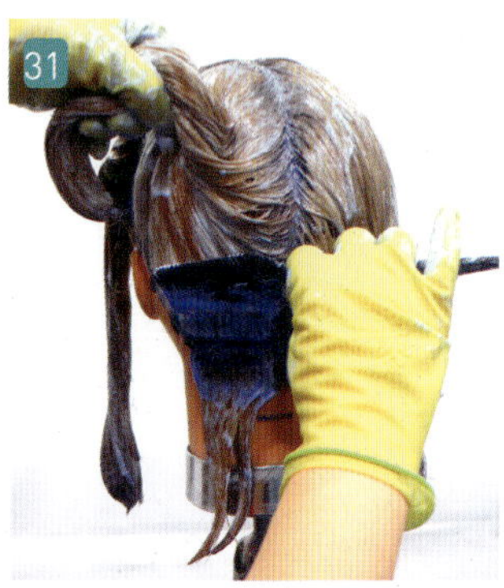

(30)~(32) 네이프 부분부터 위쪽으로 모근 부분을 2차 도포한다.

(33)~(35) 2차 도포가 끝난 상태

베이직 헤어컬러 마무리하기	
앞(FRONT)	뒤(BACK)

우측(RIGHT SIDE)	좌측(LEFT SIDE)

3. 투터치 도포 실습(모델)

<table>
<tr><th colspan="2">시술도구 및 준비</th></tr>
<tr><td colspan="2">
</td></tr>
<tr><th>시술 전</th><th>시술 후</th></tr>
<tr><td>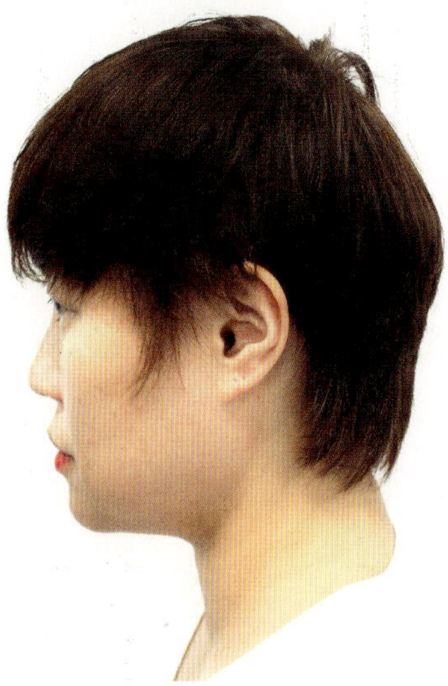</td><td>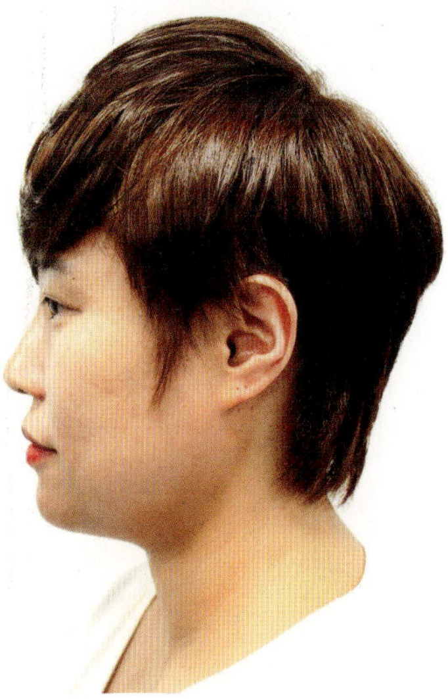</td></tr>
</table>

베이직 헤어컬러 시술하기

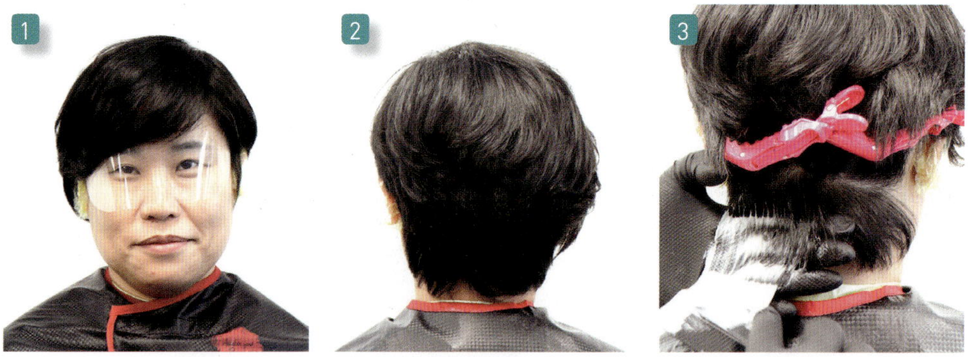

(1)~(2) 시술 전 모발의 상태 / 염색을 진행하기에 앞서 어깨보와 페이스캡, 이어캡을 착용한다.

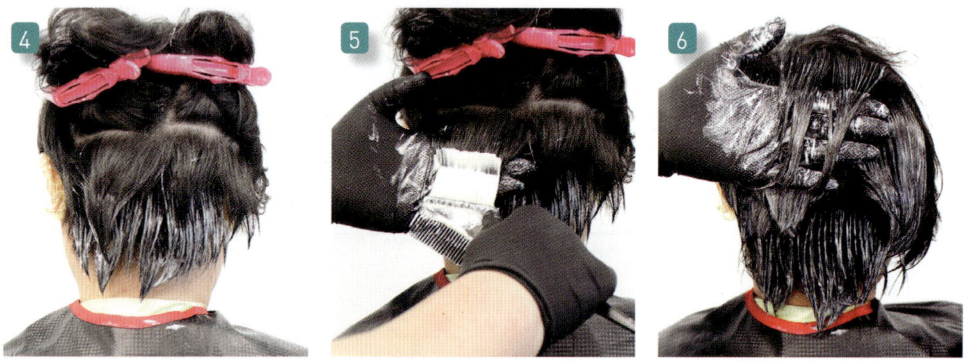

(3)~(6) 먼저 두피에서 1~1.5cm 정도 띄운 후 나머지 부터 모발 끝까지 도포한다.

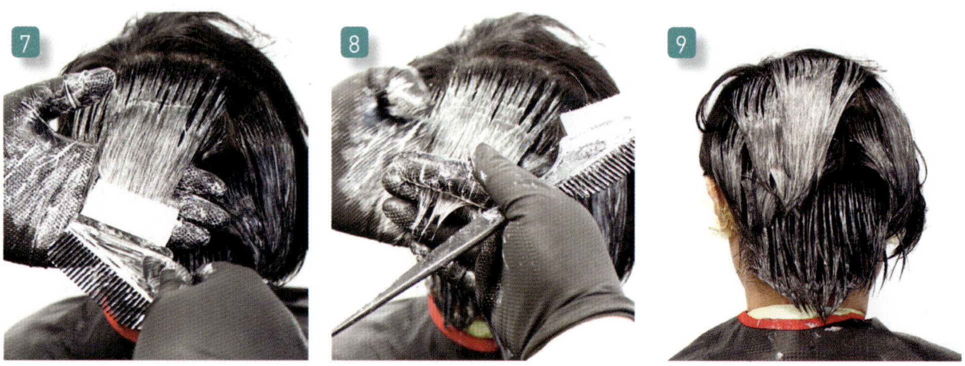

(7)~(9) 두 세 번째 단도 동일하게 두피를 뺀 나머지 부분을 모발 끝까지 도포한다.

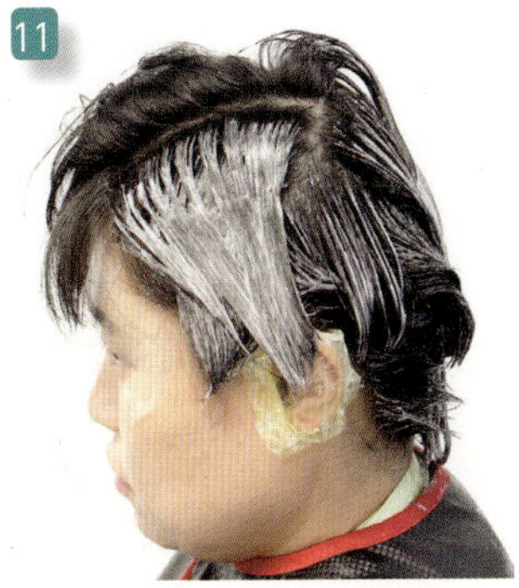

(10)~(11) 사이드 부분도 2cm의 슬라이스 간격으로 동일하게 진행한다.

(12)~(14) 반대편 사이드도 동일하게 진행한다.

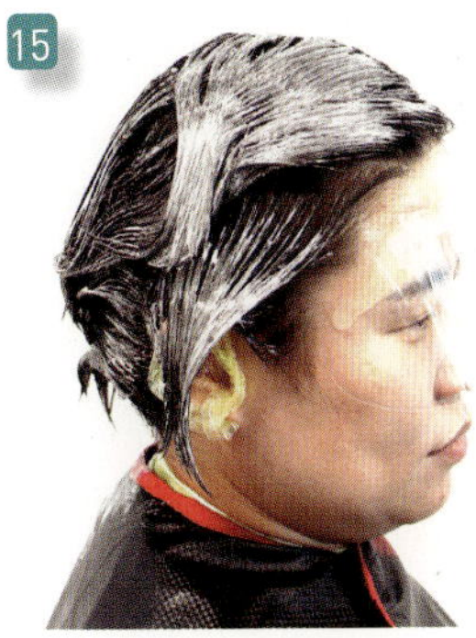

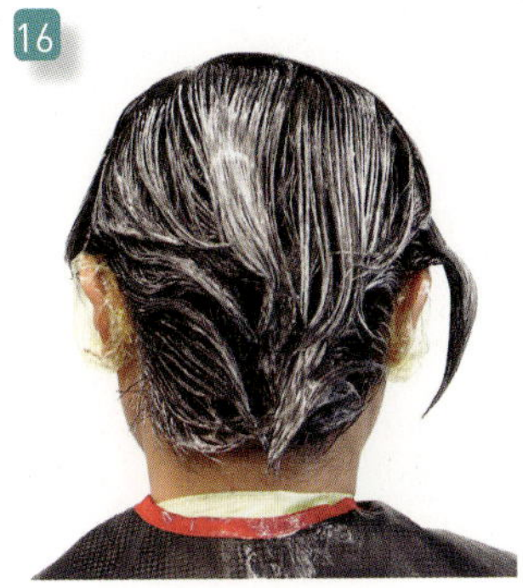

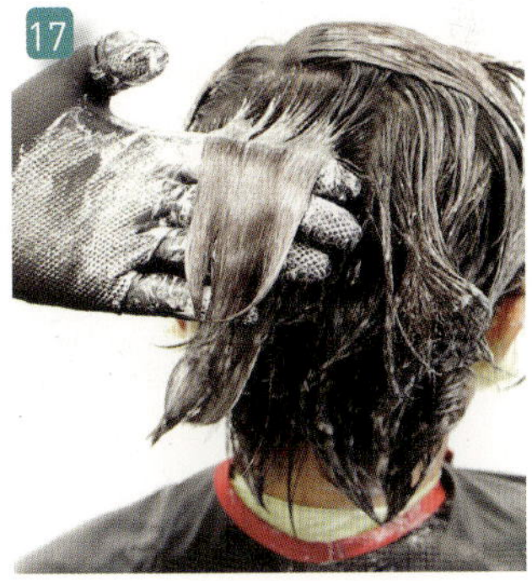

(15)~(16) 1차 도포가 끝난 상태
(17) 20분 정도 지나면 발색이 잘 되었는지 스트랜드 테스트를 진행 한다.

(18)~(20) 테스트가 끝나고 염색 발색이 잘 되었다면 두피 부분을 도포한다.

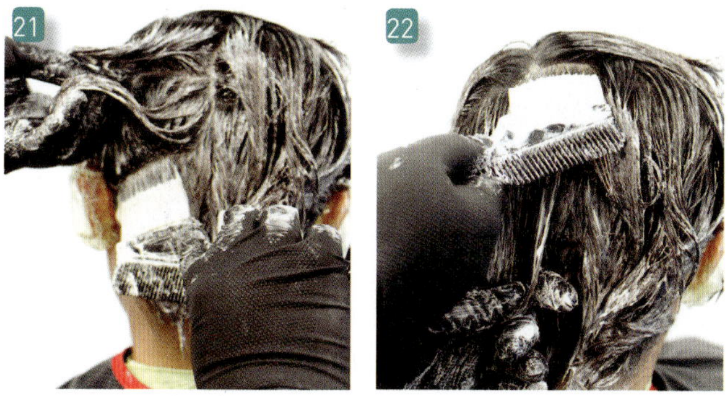

(21)~(22) 백부분부터 도포한 후 사이드로 이동한다.

(23)~(25) 사이드 페이스라인 부분을 도포한다.
도포를 끝낸 후 수직 또는 사선으로 크로스 체킹을 한다.

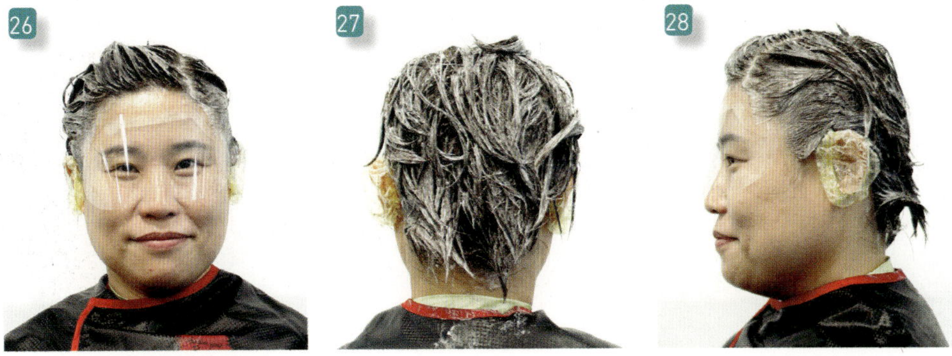

(26)~(28) 2차 도포가 끝난 상태

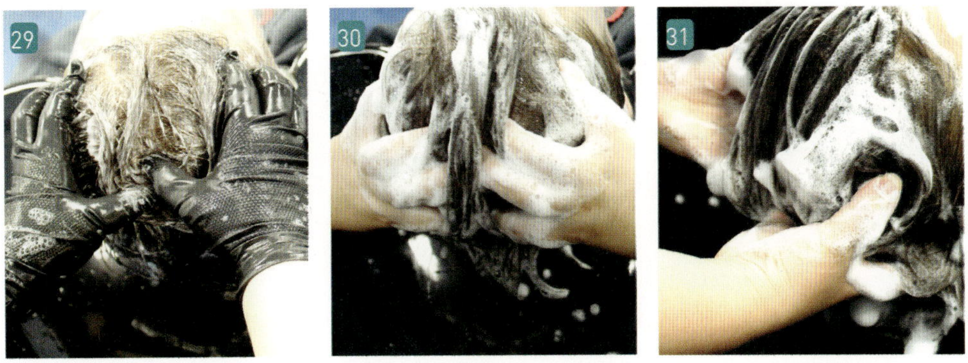

(29)~(31) 두피에 염모제가 잔류하지 않도록 에멀전 작업을 진행 한 후 샴푸를 진행한다.

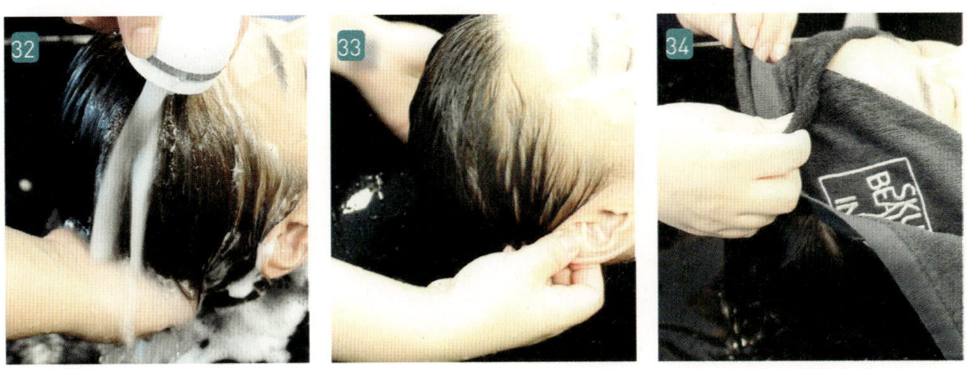

(32)~(34) 깨끗이 헹구고 두피지압을 진행 한 후 마무리를 한다.

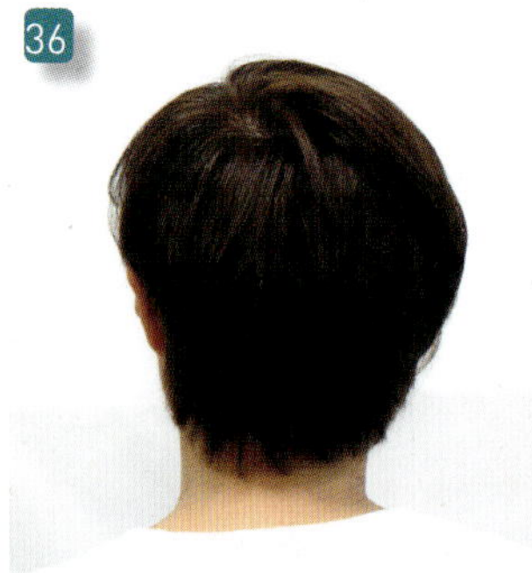

(35)~(36) 원터치 도포가 끝나고 마무리 한 상태

(37) 모발이 젖어 있으면 컬러가 균일하게 보이지 않으므로 완전 건조를 한다.
블로우드라이로 가볍게 스타일링을 진행한 후 마무리 한다

베이직 헤어컬러 마무리하기

앞(FRONT)	뒤(BACK)
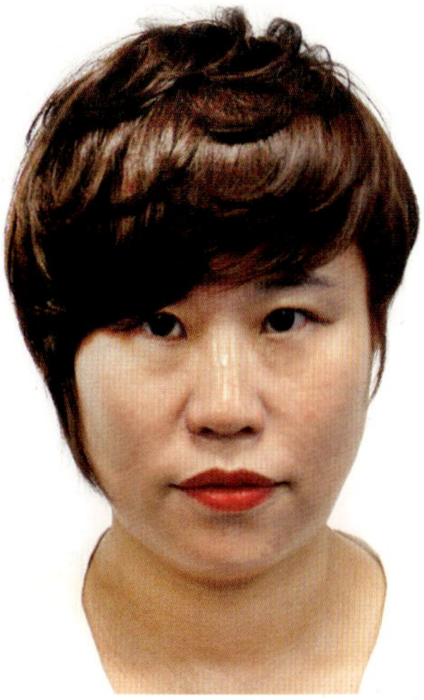	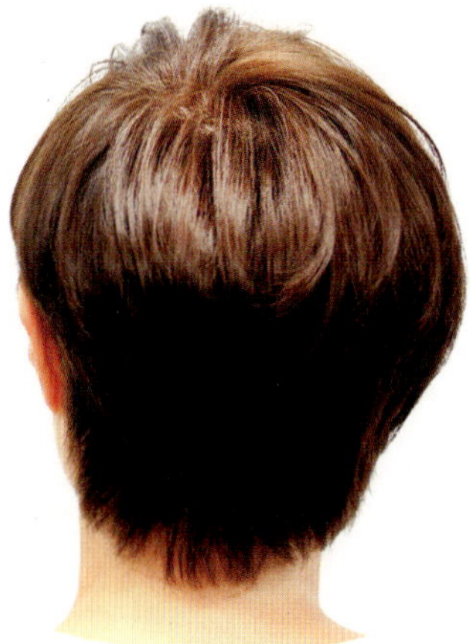
우측(RIGHT SIDE)	좌측(LEFT SIDE)
	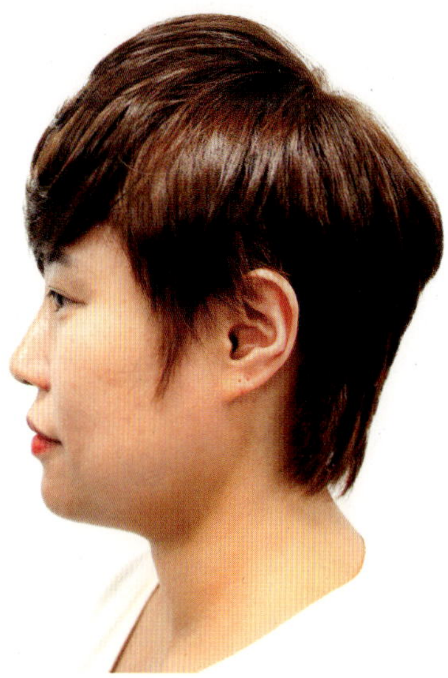

〈서식 1〉

개인정보 수집 및 사진 이용 동의서

본인은
대학교 헤어 미용과 교재로 사용될『베이직 헤어 컬러링 교재』에 사용되는 헤어시술모델과 관련하여 개인정보를 제공 및 시술사진 활용하는 것을 동의합니다.
1. 목적 : 작품별 관련 모델 시술자료
2. 수집항목 : 본인 얼굴이미지와 시술과정 사진

20 년 월 일

■ 본인

- 성 명 : ____________ (서명) ____________
- 생 년 월 일 : ____________
- 주 소 : ________________________
- 확인(시술자) : ____________ (서명) ____________

개인정보보호법 제15조

개인정보 수집 · 이용에 동의	동의	☐	미동의	☐
사진활용에 동의	동의	☐	미동의	☐

실습 과정 사진	
사진	설명

실습 결과 사진	
앞(FRONT)	뒤(BACK)
우측(RIGHT SIDE)	좌측(LEFT SIDE)

MEMO

15th week

쓰리터치 도포 실습 (가발 / 모델)

쓰리터치 도포 실습

학습 내용(단원명)	수업 목표
쓰리터치 도포 실습 (가발/모델)	• 가발과 모델에게 염 · 탈색제를 쓰리터치로 도포하여 모발의 색을 변화시킬 수 있으며 그 결과를 수행할 수 있다.

1. 준비하기

1. 컬러 도포

목적에 맞게 신속하고 정확하게 도포한다.

◆ 염색이 잘 나오는 부분

✦ 염색이 잘 안 나오는 부분

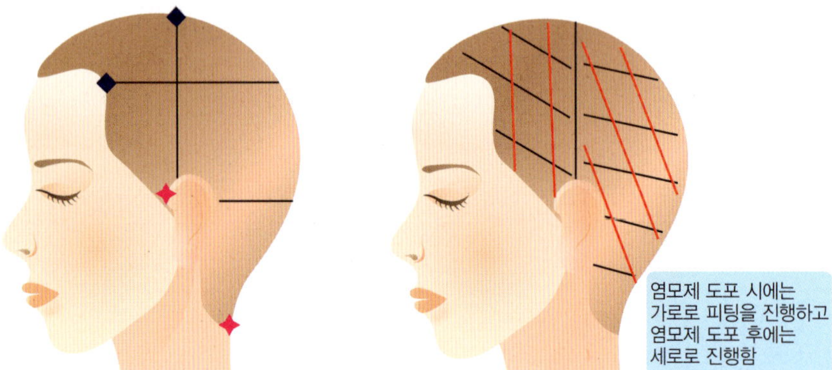

〈염모제 도포 시 유의할 부분〉 〈염모제 도포와 크로스 체크〉

그림 6-9 염모제 도포

2. 염모제 도포량을 조절하는 브러시 각도

브러시의 각도를 세우면 도포량이 적어지고, 각도를 눕힐수록 도포량이 많아진다.

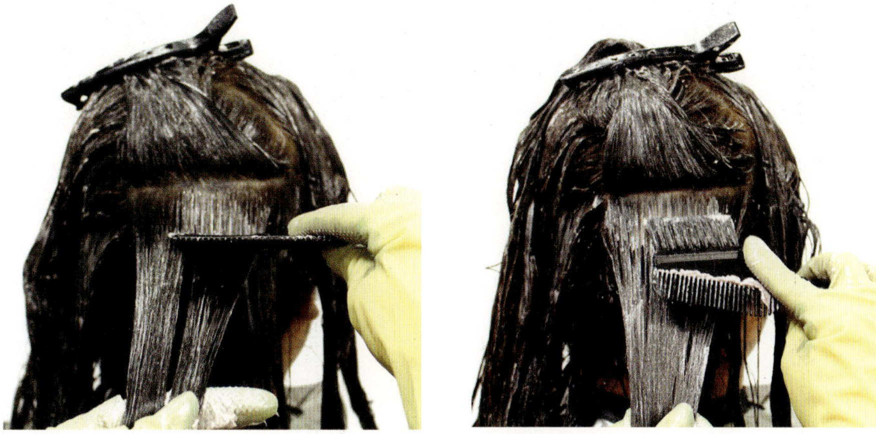

90˚ 45˚

그림 6-10 브러시 각도로 도포량 조절

파팅의 각도를 직각에 가깝게 들면 스트랜드에만 염모제가 도포되지만, 파팅의 각도를 낮출수록 베이스까지 잘 도포된다.

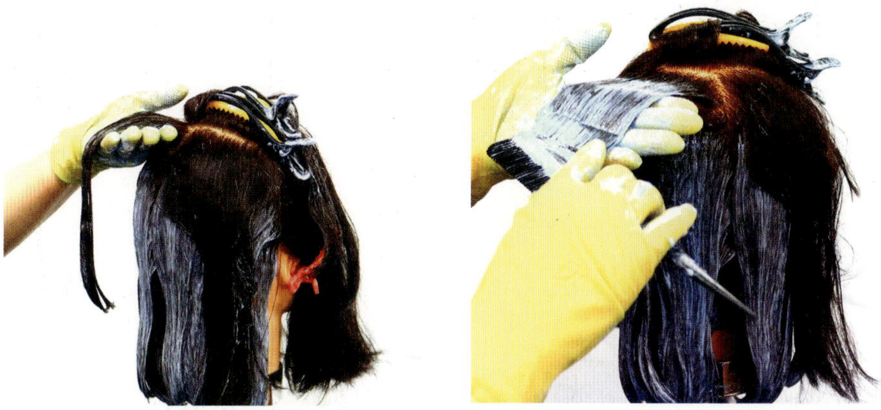

그림 6-11 파팅의 각도에 따른 염모제 도포

3. 섹션의 폭

섹션의 폭은 약액의 양과 도포시간에 크게 영향을 받으므로 정확한 섹션을 나누도록 한다.

- 뿌리 근처의 섹션의 폭은 1cm씩
- 중간모양의 섹션의 폭은 2~3cm씩

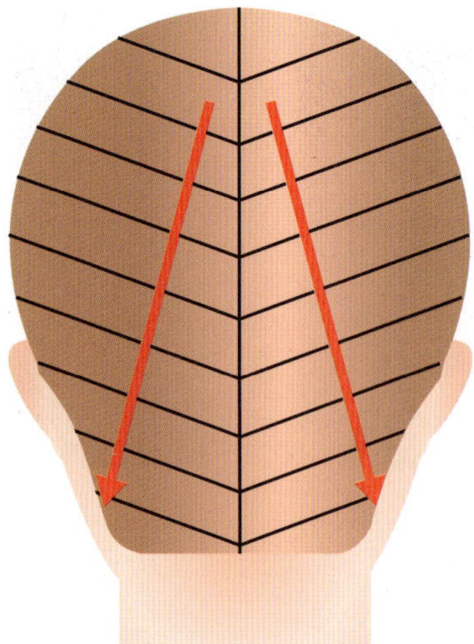

그림 6-12 섹션 나누기

쓰리터치(Three Touch)

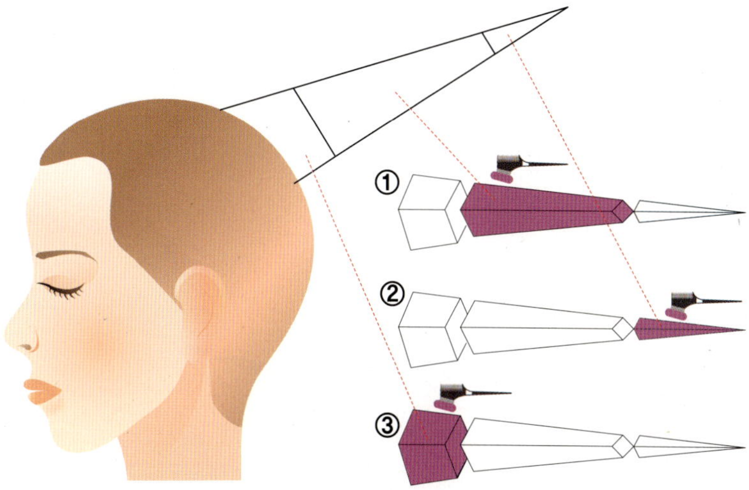

밝게 하는 염색(긴머리)일 경우에는 두피 부근과 모발 끝부분이 빨리 색상이 나온다. 따라서 두피와 모발 끝에서 1~1.5cm 띄우고 중간 부위 먼저 도포한다. 스트랜드 테스트로 컬러 체크한 후 모발 끝과 두피 부위에 도포한다.

보통 쓰리터치는 긴머리 모발에 하는 경우가 많으며 스트랜드 끝부분 1/3을 먼저 도포하고 5분 지난 후 바로 2/3 지점을 도포하고 나서 20분 자연방치한 후 마지막에 모근 부분의 모발을 도포한다.

시술순서

1. 상담 및 모발 진단
2. 색상 및 기술 선정
3. 블로킹
4. 컬러 1차 도포 방치시간 (15~20분)
5. 컬러 2차 도포 방치시간 (10분)
6. 컬러 3차 도포 방치시간 (10분)
7. 컬러테스트 및 샴푸
8. 스타일링 & 홈케어

2. 쓰리터치 도포 실습(가발)※

시술도구 및 준비	

시술 전	시술 후

※ 가발에 염모제 시술시 발색력을 보기 어려운 관계로 부득이하게 탈색제로 작업하여 촬영된 점을 이해바랍니다.

베이직 헤어컬러 시술하기

1
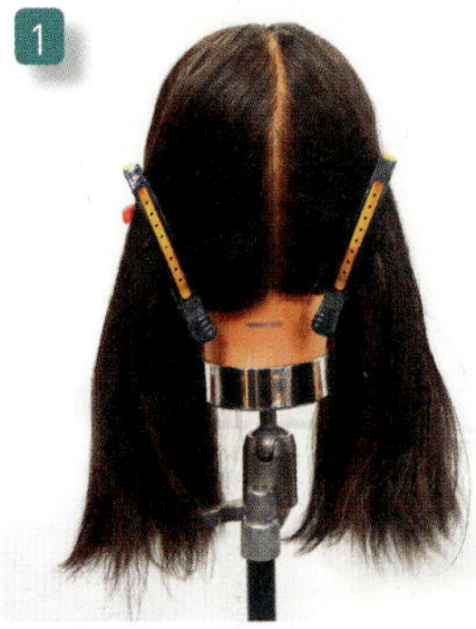
2

(1)~(2) 4등분 블로킹으로 나눈다.

3
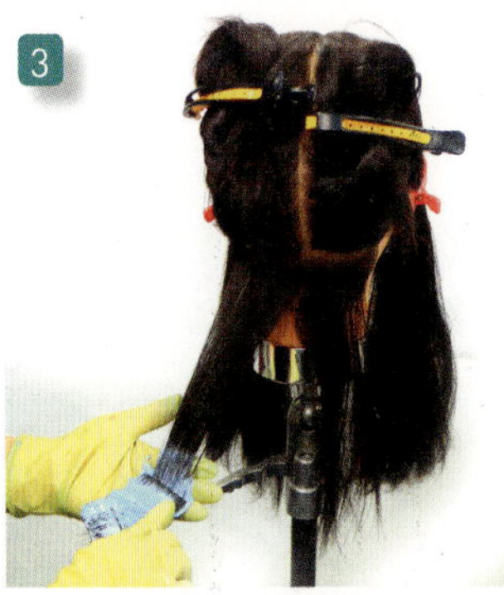
4

5

(3)~(5) 모발이 20cm 이상일 경우에 모근에서 멀어진 모발은 어두워질 수 있으므로 먼저 1차 도포한 후 5분 정도 방치한다.

6

7

8

(6)~(7) 왼쪽에서 오른쪽을 도포하면서 톱부분으로 이동하며 도포한다.
(8) 1차 도포가 끝난 상태

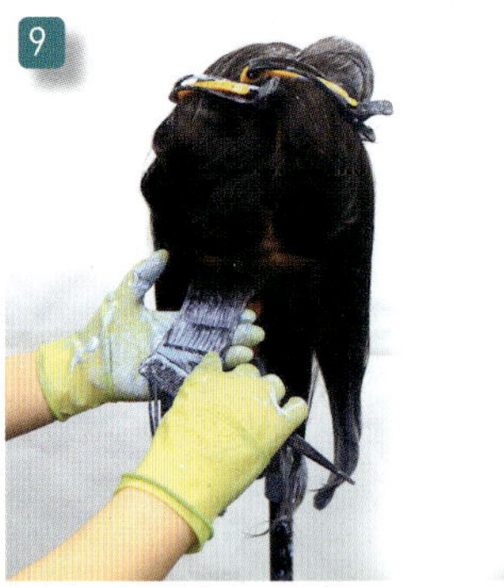

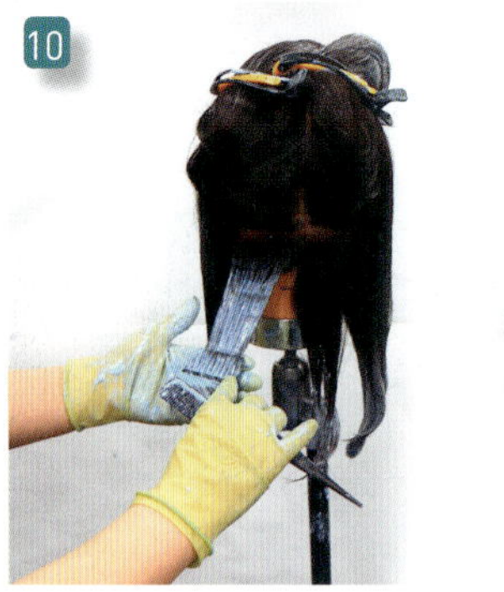

(9)~(11) 모근에서 1~1.5cm의 간격을 두고 중간 부분을 도포하여 연결한다.

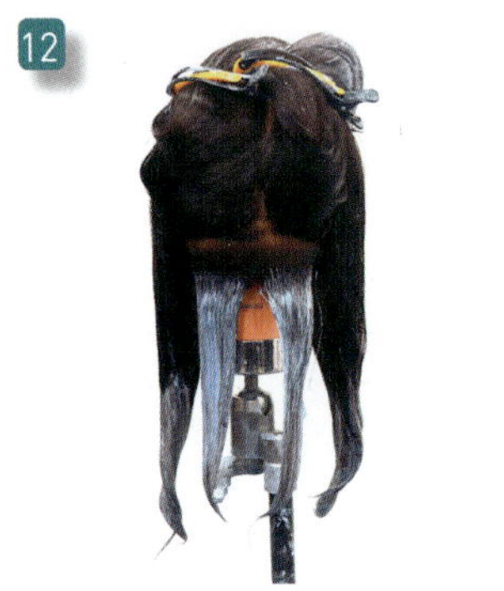

(12)~(20) 톱 부분까지 2차 도포를 진행한다.(염모제가 뭉치지 않도록 잘 펴서 바른다)

18

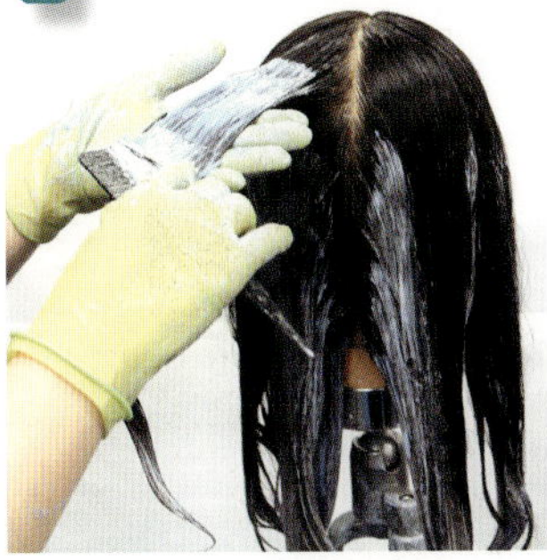

19

20

(12)~(20) 톱 부분까지 2차 도포를 진행한다.(염모제가 뭉치지 않도록 잘 펴서 바른다)

21

22

(21)~(22) 백 부분 2차 도포된 상태

23

24

25

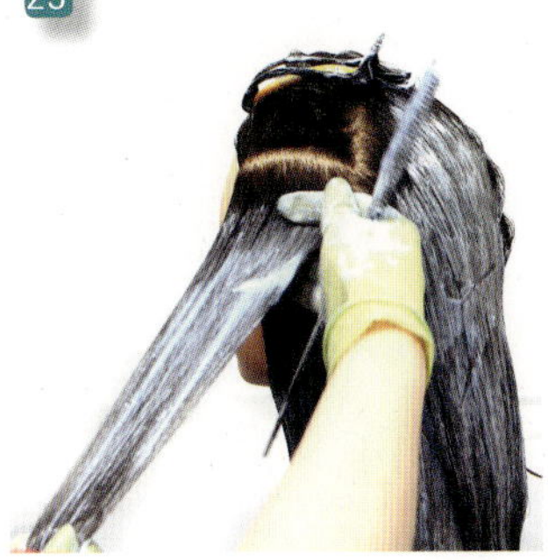

(23)~(28) 사이드 부분도 동일하게 진행한다.

26

27

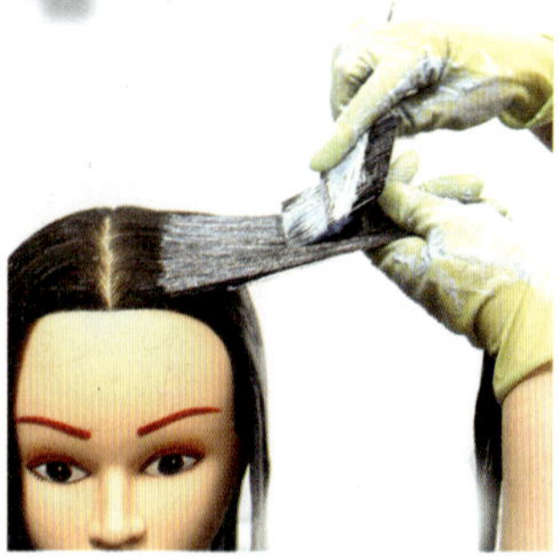

28

(23)~(28) 사이드 부분도 동일하게 진행한다.

29

30

31

(29)~(31) 2차 도포가 끝난 상태

32

33

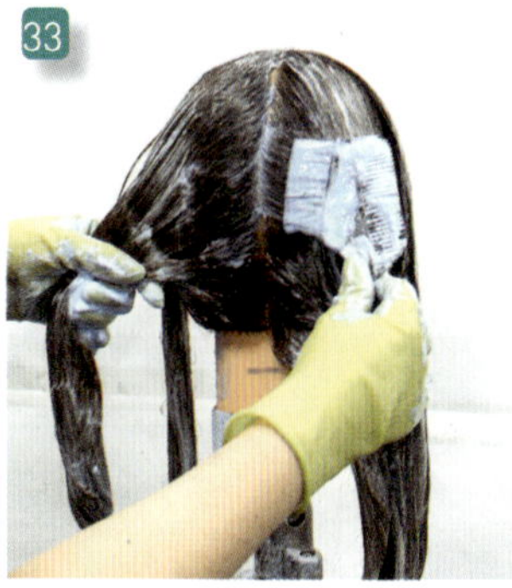

34

(32)~(34) 백 부분 왼쪽과 오른쪽 둘레를 도포한다.

(35)~(37) 사이드 부분도 동일하게 도포한다.

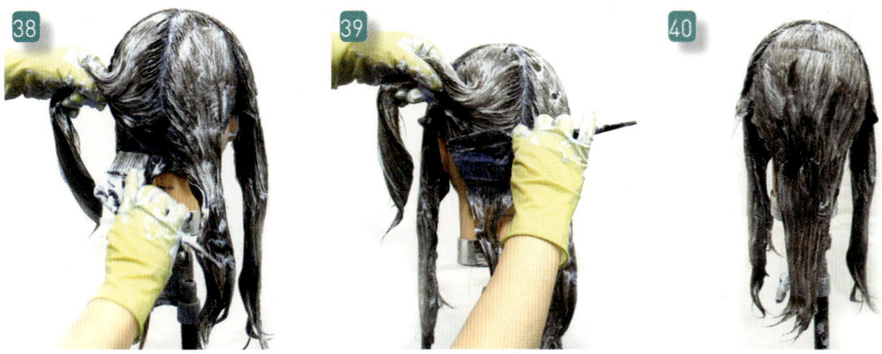

(38)~(40) 남겨 두었던 모근 부분에 염모제를 3차 도포한다.

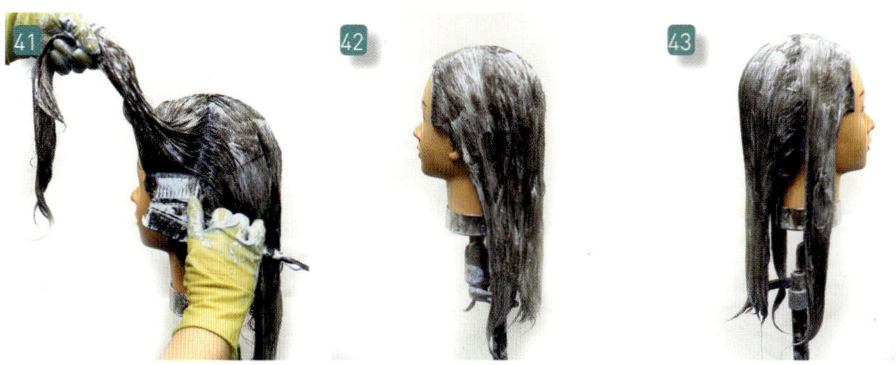

(41)~(43) 사이드도 동일하게 모근 부분에 염모제를 3차 도포한다.

(44)~(46) 3차 도포가 끝난 후 바로 수직 또는 사선으로 크로스 체킹을 한다.

베이직 헤어컬러 마무리하기	
앞(FRONT)	뒤(BACK)

우측(RIGHT SIDE)	좌측(LEFT SIDE)

3. 쓰리터치 도포 실습(모델)

<table>
<tr><th colspan="2">시술도구 및 준비</th></tr>
<tr><td colspan="2">
</td></tr>
<tr><th>시술 전</th><th>시술 후</th></tr>
<tr><td>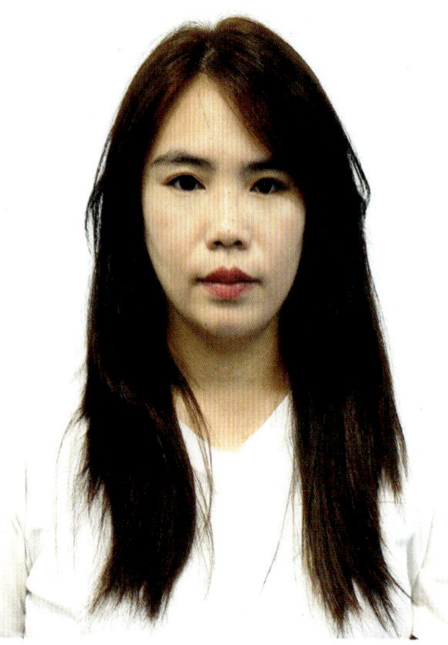</td><td>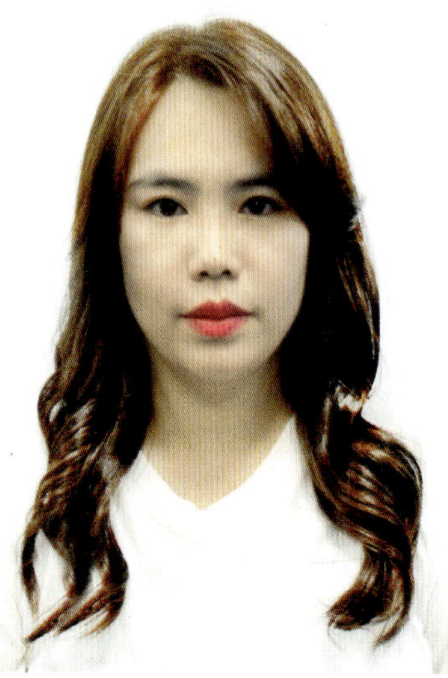</td></tr>
</table>

베이직 헤어컬러 시술하기

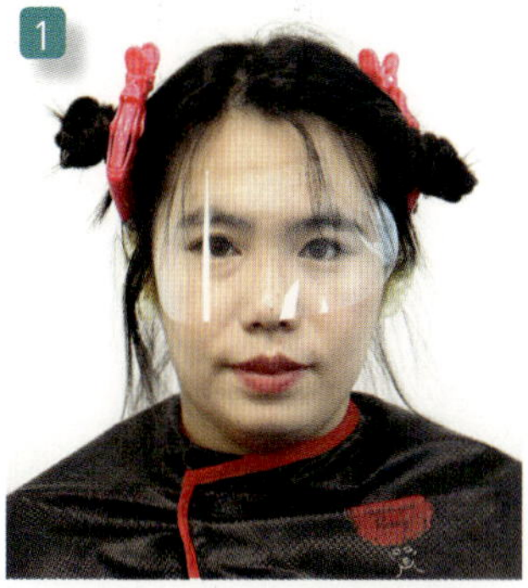
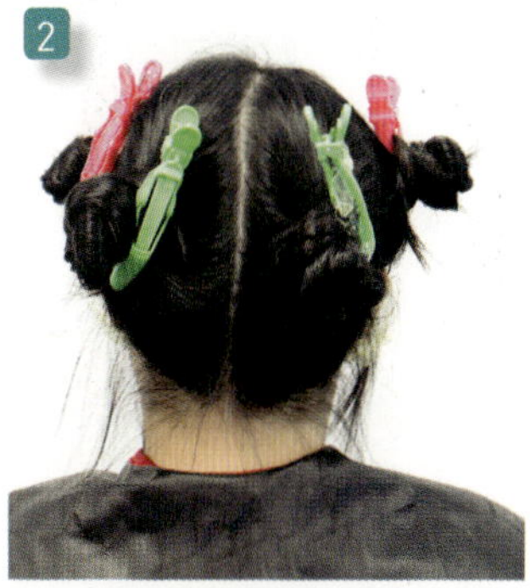

(1)~(2) 4등분으로 블로킹을 나누고 이어캡, 페이스캡, 어깨보를 씌우고 준비한다.

(3)~(4) 모발의 1/3지점을 먼저 도포한다.

(5)~(6) 나머지 섹션도 동일하게 진행한다.
(7) 백 부분이 도포가 된 상태

(8)~(10) 사이드도 동일하게 2cm의 슬라이스 간격으로 진행한다.

(11) 모발의 1/3지점까지 도포가 끝난 상태(자연방치 5분~10분)
(12~(15) 두 번째로 두피에서 1.5cm 정도 띄어놓고 나머지 중간 부분을 도포한다.

(16) 백 전체 도포가 끝난 상태

17

18

19

(17)~(19) 양쪽 사이드 모두 동일하게 도포하며 진행한다.

20

21

22

(20) 2차 도포가 끝난 상태(자연방치 10~15분)
(21)~(22) 어느정도 발색이 나타나면 두피부분을 도포한다.(두피부분은 꼼꼼하게 진행한다)

23

24

25

(23) 두피부분의 도포가 끝나면 바로 수직 또는 사선으로 크로스 체크하여 도포한다.
(24)~(25) 전체 도포가 끝난 상태(5분~10분)

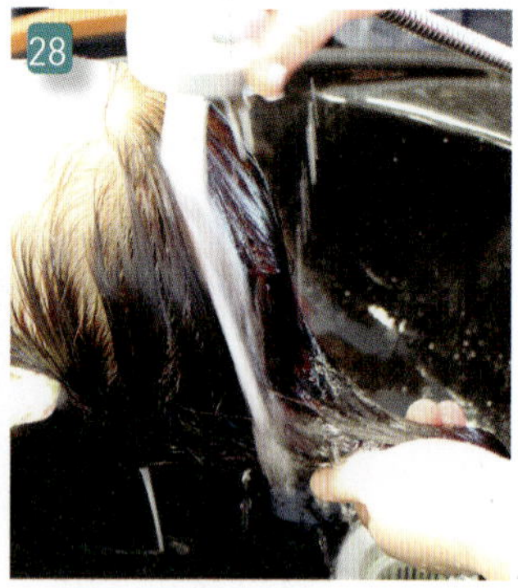

(26) 방치 시간이 끝나면 스트랜드 테스트를 하여 컬러를 확인한다.
(27) 에멀전 작업을 진행한다.(두피에 남은 염색 제거와 균일하게 염색이 되기 위한 마지막 단계)

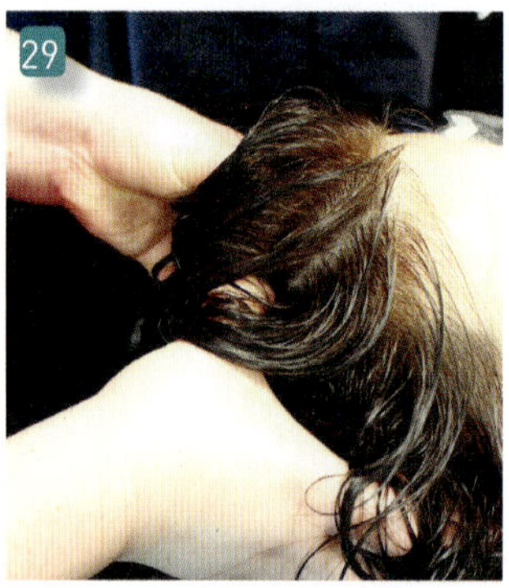

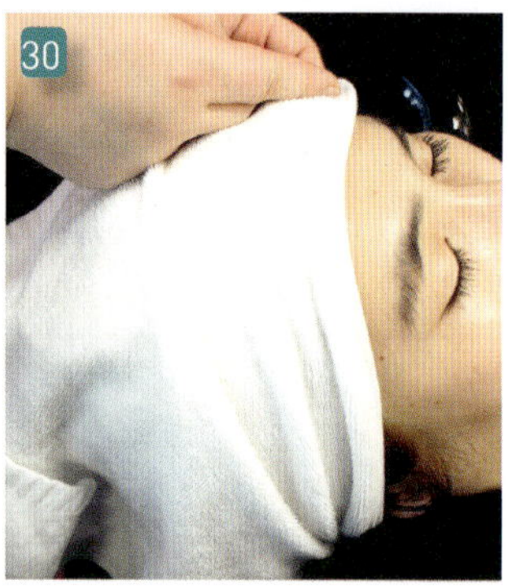

(28)~(30) 컬러전용 샴푸를 사용하고 헹군 후 마무리 한다.
(31) 드라이로 건조 시킨다.(염색의 컬러를 확실히 보기 위해서는 완전 건조되어야 함)

(32)~(33) 건조가 끝난 상태(컬러를 확인 할 수 있다).
(34) 스타일링을 한 후 마무리를 한다.

베이직 헤어컬러 마무리하기	
앞(FRONT)	뒤(BACK)

우측(RIGHT SIDE)	좌측(LEFT SIDE)

〈서식 1〉

개인정보 수집 및 사진 이용 동의서

본인은
대학교 헤어 미용과 교재로 사용될 『베이직 헤어 컬러링 교재』에 사용되는 헤어시술모델과 관련하여 개인정보를 제공 및 시술사진 활용하는 것을 동의합니다.
1. 목적 : 작품별 관련 모델 시술자료
2. 수집항목 : 본인 얼굴이미지와 시술과정 사진

20　　년　　월　　일

■ 본인

- 성　　명 : ____________　　(서명) ____________
- 생 년 월 일 : ____________
- 주　　소 : ________________________
- 확인(시술자) : ____________　　(서명) ____________

개인정보보호법 제15조

개인정보 수집 · 이용에 동의	동의	☐	미동의	☐
사진활용에 동의	동의	☐	미동의	☐

실습 과정 사진

사진	설명

실습 결과 사진	
앞(FRONT)	뒤(BACK)
우측(RIGHT SIDE)	좌측(LEFT SIDE)

MEMO

학생 자가진단 및 교수평가

능력단위명 〈코드〉		베이직 헤어컬러 〈1201010125_21v6〉									
진단 영역	진 단 문 항	학생 평가					교수 평가				
		전혀 그렇지않다.	그렇지않은편이다.	보통이다.	다소 그런편이다.	매우 그렇다.	전혀 그렇지않다.	그렇지않은편이다.	보통이다.	다소 그런편이다.	매우 그렇다.
베이직 헤어컬러 하기	1. 나는 고객 상담을 위해 블리치 레벨 차트와 컬러 차트를 만들 수 있다.	①	②	③	④	⑤	①	②	③	④	⑤
	2. 나는 고객의 의복, 피부 등에 염모제가 묻지 않도록 가운, 어깨보 등의 착용을 안내할 수 있다.	①	②	③	④	⑤	①	②	③	④	⑤
	3. 나는 염모제를 사용하여 고객에게 패치 테스트 및 스트랜드 테스트를 할 수 있다.	①	②	③	④	⑤	①	②	③	④	⑤
	4. 나는 두피 및 모발 상태에 따른 전처리 제품과 도구 및 재료를 준비할 수 있다.	①	②	③	④	⑤	①	②	③	④	⑤
	5. 나는 헤어컬러를 결정하는 염모제를 선택할 수 있다.	①	②	③	④	⑤	①	②	③	④	⑤
	6. 나는 염모제 사용법을 파악하여 필요량을 덜어 놓는 등 사전 작업을 할 수 있다.	①	②	③	④	⑤	①	②	③	④	⑤
베이직 헤어컬러 실행하기	1. 나는 원터치 혹은 투 터치 등 적합한 도포 기법으로 염모제를 도포할 수 있다.	①	②	③	④	⑤	①	②	③	④	⑤
	2. 나는 고객의 두피와 의복 등에 염모제가 묻지 않도록 정해진 시간 내에 도포할 수 있다.	①	②	③	④	⑤	①	②	③	④	⑤
	3. 나는 염모제 도포 후 처리 방법과 시간을 결정할 수 있다.	①	②	③	④	⑤	①	②	③	④	⑤
	4. 나는 염모제의 발색 촉진을 위해 가온기나 음이온기기 등의 사용여부를 결정할 수 있다.	①	②	③	④	⑤	①	②	③	④	⑤
	5. 나는 염모제의 발색을 확인하기 위해 컬러 테스트를 할 수 있다.	①	②	③	④	⑤	①	②	③	④	⑤
	6. 나는 원하는 정도의 발색이 확인되면 고객을 안전하게 샴푸실로 안내할 수 있다.	①	②	③	④	⑤	①	②	③	④	⑤

능력단위명 〈코드〉		베이직 헤어컬러 〈1201010125_21v6〉									
진단 영역	진 단 문 항	학생 평가					교수 평가				
		전혀 그렇지않다.	그렇지않은편이다.	보통이다.	다소 그런편이다.	매우 그렇다.	전혀 그렇지않다.	그렇지않은편이다.	보통이다.	다소 그런편이다.	매우 그렇다.
베이직 헤어컬러 마무리 하기	1. 나는 두피와 모발에 도포된 염모제를 제거하기 위해 에멀전 샴푸를 할 수 있다.	①	②	③	④	⑤	①	②	③	④	⑤
	2. 나는 샴푸로 염모제가 완전히 제거된 모발에 트리트먼트제를 사용할 수 있다.	①	②	③	④	⑤	①	②	③	④	⑤
	3. 나는 트리트먼트제를 충분히 헹구어 낸 후 물기를 제거하고 고객을 시술대로 안내할 수 있다.	①	②	③	④	⑤	①	②	③	④	⑤
	4. 나는 타월 드라이 및 핸드 드라이 기법으로 모발을 건조할 수 있다.	①	②	③	④	⑤	①	②	③	④	⑤
	5. 나는 고객이 원하는 스타일로 마무리한 후 주변을 정리 정돈할 수 있다.	①	②	③	④	⑤	①	②	③	④	⑤

[진단결과]

진단영역	문항 수	점수	점수 ÷ 문항 수	문항 수	점수	점수 ÷ 문항 수
베이직 헤어컬러 준비하기	6			6		
베이직 헤어컬러 실행하기	6			6		
베이직 헤어컬러 마무리하기	5			5		
합 계	17			17		

* 자신의 점수를 문항 수로 나눈 값이 '3점' 이하에 해당하는 영역은 업무를 성공적으로 수행하는 데 요구되는 능력이 부족하다는 의미이므로 교육훈련이나 개인학습을 통한 능력개발이 필요함.

[교수자 피드백]

<table>
<tr><th colspan="3">교과명 : 베이직 헤어컬러링 수행 평가서</th></tr>
<tr><td>교수명
(학습자명)</td><td colspan="2"></td></tr>
<tr><td>학생명
(피평가자명)</td><td colspan="2"></td></tr>
<tr><td>평가 방법</td><td colspan="2">작업장 평가</td></tr>
<tr><td>능력 단위명
(코드)/
능력단위
요소명</td><td colspan="2">베이직 헤어컬러 〈1201010125_21v6〉</td></tr>
<tr><td rowspan="4">평가계획</td><td>• 평가1 : (Pass/Fail)</td><td>날짜 : 20 년 월 일</td></tr>
<tr><td>• 재평가2 : (Pass/Fail)</td><td>날짜 : 20 년 월 일</td></tr>
<tr><td>• 재평가3 : (Pass/Fail)</td><td>날짜 : 20 년 월 일</td></tr>
<tr><td>• 최종 수행 완료 시점</td><td>〈 번〉</td></tr>
<tr><td rowspan="2">학습내용
(단원명)</td><td></td><td></td></tr>
<tr><td></td><td></td></tr>
</table>

평가항목(수행준거)		성취수준				
		전혀 그렇지 않다.	그렇지 않은 편이다.	보통 이다.	다소 그런편 이다.	매우 그렇다.
베이직 헤어컬러 준비하기	1. 나는 고객 상담을 위해 블리치 레벨 차트와 컬러 차트를 만들 수 있다.	①	②	③	④	⑤
	2. 나는 고객의 의복, 피부 등에 염모제가 묻지 않도록 가운, 어깨보 등의 착용을 안내할 수 있다.	①	②	③	④	⑤
	3. 나는 염모제를 사용하여 고객에게 패치테스트 및 스트랜드 테스트를 할 수 있다.	①	②	③	④	⑤
	4. 나는 두피 및 모발 상태에 따른 전처리 제품과 도구 및 재료를 준비할 수 있다.	①	②	③	④	⑤
	5 나는 헤어컬러를 결정하는 염모제를 선택할 수 있다.	①	②	③	④	⑤
	6. 나는 염모제 사용법을 파악하여 필요량을 덜어 놓는 등 사전 작업을 할 수 있다.	①	②	③	④	⑤
베이직 헤어컬러 실행하기	1. 나는 원터치 혹은 투 터치 등 적합한 도포 기법으로 염모제를 도포할 수 있다.	①	②	③	④	⑤
	2. 나는 고객의 두피와 의복 등에 염모제가 묻지 않도록 정해진 시간 내에 도포할 수 있다.	①	②	③	④	⑤
	3. 나는 염모제 도포 후 처리 방법과 시간을 결정할 수 있다.	①	②	③	④	⑤
	4. 나는 염모제의 발색 촉진을 위해 가온기나 음이온기기 등의 사용여부를 결정할 수 있다.	①	②	③	④	⑤
	5. 나는 염모제의 발색을 확인하기 위해 컬러 테스트를 할 수 있다.	①	②	③	④	⑤
	6. 나는 원하는 정도의 발색이 확인되면 고객을 안전하게 샴푸실로 안내할 수 있다.	①	②	③	④	⑤

평가항목(수행준거)		성취수준				
		전혀 그렇지 않다.	그렇지 않은 편이다.	보통 이다.	다소 그런편 이다.	매우 그렇다.
베이직 헤어컬러 마무리하기	1. 나는 두피와 모발에 도포된 염모제를 제거하기 위해 에멀전 샴푸를 할 수 있다.	①	②	③	④	⑤
	2. 나는 샴푸로 염모제가 완전히 제거된 모발에 트리트먼트제를 사용할 수 있다.	①	②	③	④	⑤
	3. 나는 트리트먼트제를 충분히 헹구어 낸 후 물기를 제거하고 고객을 시술대로 안내할 수 있다.	①	②	③	④	⑤
	4. 나는 타월 드라이 및 핸드 드라이 기법으로 모발을 건조할 수 있다.	①	②	③	④	⑤
	5. 나는 고객이 원하는 스타일로 마무리한 후 주변을 정리 정돈할 수 있다.	①	②	③	④	⑤

[평가 결과]

평가영역	문항 수	점수	점수 ÷ 문항 수
베이직 헤어컬러 준비하기	6		
베이직 헤어컬러 실행하기	6		
베이직 헤어컬러 마무리하기	5		
합계	17		

* 자신의 점수를 문항 수로 나눈 값이 '3점' 이하에 해당하는 영역은 업무를 성공적으로 수행하는 데 요구되는 능력이 부족하다는 의미이므로 교육훈련이나 개인학습을 통한 개발이 필요함.

Chapter 02 단원평가 –[정답]

01. 모발의 성장주기는 성장기-퇴행기-휴지기라는 3단계의 헤어사이클로 이루어지며 성장기의 모발은 3년 정도 활발하게 성장하며, 한달에 약 1~2cm 정도 씩 자라고 전체 모낭의 85%를 차지하고 있다. 퇴행기 모발은 활발한 성장이 끝나고 모낭의 기저로부터 이탈하게 된다. 대략 3주 정도 퇴행기를 거치게 되며 모낭의 1%가 퇴행기 모발이다. 휴지기 모발은 14% 정도가 휴지기 모발로서 휴지기가 끝나면 성장기로 전환한다.

02. 모간부는 모표피, 모피질, 모수질의 3개의 층으로 이루어져있다. 모표피는 3~10개의 층으로 이루어져 있으며 친유성으로 물과 약제에 대한 저항력이 강하나 물리적인 자극에는 약한 편이다. 모표피는 에피,엑소,엔도큐티클의 세 개의 층으로 나누어진다. 모피질은 모발구성의 85~90%를 차지하고 있으며 친수성으로 모발의 화학작용이 일어나는 곳이다. 모수질은 모발의 중심부에 있으며 모발의 전체 중 가장 적은 비율을 차지하고 있다. 모발의 염색의 영향을 미치는 곳은 모피질이다.

03. 멜라닌 색소는 페오멜라닌과 유멜라닌으로 페오멜라닌은 적색에서 옅은색소를 띠고 둥글거나 타원형의 모양으로 이루어져 있으며 백인의 피부나 모발색에 주로 나타난다. 유멜라닌은 검은색이나 적갈색의 색소로 쌀 모양의 과립형으로 이루어져 있으며 황인종이나 흑인종의 피부나 모발에 주로 나타난다.

04. 산화제 pH 3.0~4.0, 탈색제 pH 10.0~11.0, 염모제 pH 9.5

05. 일시적 염모제는 모표피층을 코팅하며 샴푸 시 색상이 씻겨져 나가면서 기존 모발 색을 돌아온다. 모발손상이 없고 색상 변화가 다양하다. 반영구 염모제는 모표피와 모피질 일부에 작용하며 보통 4~6주 동안 색상이 남아 있다. 1제로만 구성되어 있으며 샴푸시 색 빠짐이 있다. 영구 염모제는 1제(알칼리)와 2제(산화제)로 구성되어 있으며 모피질까지 침투해 자연색소를 탈색시키고 인공색소를 착색 시킨다.

06. 작용시간/ 약액의 도포량/ 온도/ 고객의 모발 상태

07.

3%(H2O+O)	10vol	• 어두운 컬러착색에 용이 • 모발 손상이 적음 • 밝은 모발에 사용시 깊이감 있는 반사빛 표현	• 백모염색 또는 톤다운 • 블리치 모발에 색소 착색
6%(H2O+O)	20vol	• 1~2레벨 음영을 높일 때 • 동일 명도에 반사 빛 부여 • 탈색과 착색이 동시에 이루어짐	• 백모염색 또는 톤다운 • 다양한 색상을 표현 할 때
9%(H2O+O)	30vol	• 2~3레벨 음영을 높일 때 • 백모커버력 저하	• 탈색 작용이 큼 • 20vol 보다 모발 손상이 큼
12%(H2O+O)	40vol	• 3~4레벨 음영을 높일 때 • 색소 발색력이 없음 • 두피에 화상을 입을 수도 있으므로 사용 시 주의	• 탈색 작용이 큼 • 30vol 보다 모발 손상이 큼

08. 모발의 탄력성 : 모발이 끊어지지 않을 정도까지 잡아 당겼다가 놓았을 때 원래대로 되돌아가는 성질
모발의 다공성 : 모발 조직 중에서 빈곳으로 다공성이 심할수록 화학 약품이 과다 흡수되어 손상이 커지고, 수분 보유력이 떨어져서 모발은 점점 건조한 상태가 되게 된다.
모발의 열변성 : 무리한 열로 인해 모발 케라틴 구조에 변화를 일으켜 모발에 손상을 주게 되는 것을 말한다.
모발의 친수성 : 모피질 영역은 친수성으로 전체 모발의 약 90%를 차지하고 있으므로 모발 전체에서는 친수성의 성질이 크다고 할 수 있다.
대전성: 모발을 브러싱하거나 백코밍할 때 빗에 모발이 붙는 정전기 현상으로 이러한 현상은 마찰로 인해 모발은 (+)로 도구는 (–)로 대전되기 때문이다.

09. 염색약 성분에 알레르기 반응이 있는지 알아보기 위한 테스트

10. 6.26=(명도), (1차 반사빛)

11. 백모염색 시 : 백모가 많은 곳부터 약액을 충분히 도포함
멋내기 염색 시: 체온이 낮은 곳부터 도포하며 네이프부분 부터 도포를 진행한다. 관자놀이 중심으로 한 페이스라인은 모발이 가늘어 발색이 빨리 진행되므로 주의한다.

12. ③

13. ①

14. ④

15. ②

16. ③

17. ③

18. 티로시나아제(tyrosinase)

19. ②

20. ①

21. ①

22. 갈색, 노랑

23. ③

24. ①

25. 탄소(C), 수소(H), 산소(O), 질소(N), 황(S)

26. 에피큐티클

27. 10~15%, 30~50%, 10%

28. 중성, 알칼리, 산성, 4.5~5.5

29. ③

30. ②

31. 빨강(red), 노랑(Yellow), 파랑(Blue)
주황(Orange), 녹색(Green), 보라(Violet)
붉은주황(R.O), 연한주황(R.O), 연두(Y.G), 청록(B.G), 자주(R.V),보라(B.V)

32. 색상(Hue): 색명으로 구별되는 모든 색을 말함
명도(Value): 무채색과 유채색의 밝기의 정도를 말하며 백색에 가까울수록 명도는 높고, 흑색에 가까울수록 명도는 낮다고 한다.
채도(Chroma): 색의 강약이며 선명도라 한다. 채도가 높고 강한 색은 고채도의 색, 낮은 색은 저채도의 색 , 중간쯤 되는 색은 중채도의 색이라 한다.

33. 색상환에서 상반되는 위치에서 마주보는 색을 보색관계라 하며 보색끼리 같은 양으로 섞으면 중화가 된다.

34. 무채색 : 무채색(백색, 회색, 흑색)과 유채색은 밝음과 어두움을 가지고 있는데 이 밝기의 정도를 명도라고 한다. 백색에 가까울수록 명도는 높고, 흑색에 가까울수록 명도는 낮다고 한다.
유채색 : 무채색을 제외한 모든 색을 유채색이라 하며, 색의 3속성 색상, 명도, 채도를 모두 가지고 있다.

35. 색채는 빛의 현상이며 자연에서 이러한 현상은 무지개를 통해 나타나는데, 무지개는 햇빛이 빗방울을 통과하면서 무지개색이 나타나는 현상이다. 실제로 보는 것은 하나의 물체로서, 그 물체의 분자구조가 한 가지 색채(우리가 보는 색상)를 반사하고, 다른 나머지 색채를 흡수하는 것이다.

36. 자연색소 : 자연색소는 멜라닌 색소로서 유형별 형태에 따라 겉으로 드러나는 모발의 색소, 강도, 색의 밝기 등이 다양하게 나타나는 것을 말한다.
인공색소 : 모든 색채 제품들은 다양한 인공색소를 포함하고 있으며 이러한 인공색소는 산화제와 혼합되면 염료로 바뀌면서 여러 가지 색을 나타낸다.

37. 가법혼합 : 빨강(R), 초록(G), 파란(B)색인 빛의 3원색으로 빛을 더하여 얻어지는 원리로 색을 섞으면 섞을수록 선명하고 밝아지며 이를 모두 혼합하면 백색이 나온다.
감법혼합 : 마젠타(Magenta), 노랑(Yellow), 시안(Cyan) 색료인 3원색으로 혼합하면 할수록 순색의 강도가 약해져 원래의 색보다 어두워 보이고, 삼원색을 모두 혼합하면 검은색에 가까운 색이 나온다.

참고 문헌

01) 정희영, "헤어 컬러링의 이해", 훈민사, 2011, pp.12-14.

02) 양은신, 이영미, 김선희, 김은영, 김정숙, 박도현, 서원숙, 심선녀, 이윤현, 홍보경, " 헤어컬러링", 베디시언, 2015, pp.8-17.

03) 이영미, 장문주, 연정아, "헤어컬러링", 훈민사, 2011, pp.13-15.

04) 박진혁, 김민, "THE HAIR COLORING", 예림, 2014, pp.8-12.

05) 곽형심, 김세욱, 송희라, 유유정, 이대천, 전효은, "Art of Hair Color", 청구문화사, 2009, p.10-11.

06) 고경숙, 윤복연, 강은지, 김미연, "NCS 기반 헤어컬러링", 훈민사, 2016, pp. 58-59.

07) 김영미, 강영주, 강미영, 국지연, 김만태, 김미강 외, "헤어컬러디자인", 청구문화사, 2011, p.27.

08) 곽진만, 김명주, 김미선, 김성아, 김혜경 외 6명, "Special Hair Colorist", 청구문화사, 2014, pp.24-25.

09) 정희영, "헤어 컬러링의 이해", 훈민사, 2011, pp.32-35.

10) 김영미, 강영주, 강미영, 국지연, 김만태, 김미강 외, "헤어컬러디자인", 청구문화사, 2011, pp.9-11.

11) 곽진만, 유은성, 유현주, 이수인, 이옥규, 정경숙, 정숙희, 정지영, "Hair Colorist", 청구문화사, 2011, pp.10-11.

12) 김홍희, 김문주, 유의경, 현지원, 김혜란, 송미라, " 헤어컬러즈&컬러즈", 광문각, 2005, pp.19-24.

13) 조정혜, 강영숙, 김명주, 맹유진, 소영진, 오현주, 최정명, "Hair Best Color 컬러리스트를 위한 베이직 북", 훈민사, 2005, pp.17-21.

14) 손지연, 정유진, 박민서, 왕혜자, "헤어컬러 베이직&인텐시브", 구민사, 2014, pp.30-32.

15) 고경숙, 윤복연, 강은지, 김미연, "NCS 기반 헤어컬러링", 훈민사, 2016, pp.68-69.

16) 김영미, 강영주, 강미영, 국지연, 김만태, 김미강 외, "헤어컬러디자인", 청구문화사, 2011, pp.17-18.

17) 박진혁, 김민, "THE HAIR COLORING", 예림, 2014, pp.32-33.

18) 정숙희, 권태신, 김춘일, 박기원, 박세희, 심선녀 외, "Hair Coloring", 청구문화사, 2009, pp.31-36.

19) 조정혜, 강영숙, 김명주, 맹유진, 소영진, 오현주, 최정명, "Hair Best Color 컬러리스트를 위한 베이직 북", 훈민사, 2005, pp.17-21.

20) 곽형심, 김세욱, 송희라, 유유정, 이대천, 전효은, "Art of Hair Color", 청구문화사, 2009, p.26-28.

21) 양은진, 이영미, 김선희, 김은영, 김정숙, 박도현, 서원숙, 심선녀, 이윤현, 홍보경, " 헤어컬러링", 메디시언, 2015, pp.34-35.

22) 곽진만, 김명주, 김미선, 김성아, 김혜경 외 6명, "Special Hair Colorist", 청구문화사, 2014, pp.44-46.

23) 박진혁, 김민, "THE HAIR COLORING", 예림, 2014, pp.32-33.
24) 정희영, "헤어 컬러링의 이해", 훈민사, 2011, pp.99-100.
25) 정숙희, 권태신, 김춘일, 박기원, 박세희, 심선녀 외, "Hair Coloring", 청구문화사, 2009, pp.31-36.
26) 박진혁, 김민, "THE HAIR COLORING", 예림, 2014, pp.54-57.
27) 정희영, "헤어 컬러링의 이해", 훈민사, 2011, p.115.
28) 조정혜, 강영숙, 김명주, 맹유진, 소영진, 오현주, 최정명, "Hair Best Color 컬러리스트를 위한 베이직 북", 훈민사, 2005, p92.
29) 고경숙, 윤복연, 강은지, 김미연, "NCS 기반 헤어컬러링", 훈민사, 2016, pp.89-90.
30) 김홍희, 김문주, 유의경, 현지원, 김혜란, 송미라, " 헤어컬러즈&컬러즈", 광문각, 2005, pp.54-55.
31) 고경숙, 윤복연, 강은지, 김미연, "NCS 기반 헤어컬러링", 훈민사, 2016, pp.118-120.
32) 김영미, 강영주, 강미영, 국지연, 김만태, 김미강 외, "헤어컬러디자인", 청구문화사, 2011, p.56.
33) 조정혜, 강영숙, 김명주, 맹유진, 소영진, 오현주, 최정명, "Hair Best Color 컬러리스트를 위한 베이직 북", 훈민사, 2005, p.122.
34) 박진혁, 김민, "THE HAIR COLORING", 예림, 2014, p.70.
35) 정숙희, 권태신, 김춘일, 박기원, 박세희, 심선녀 외, "Hair Coloring", 청구문화사, 2009, pp.39-42.
36) 곽진만, 유은성, 유현주, 이수인, 이옥규, 정경숙, 정숙희, 정지영, "Hair Colorist", 청구문화사, 2011, p.32.
37) 이영미, 장문주, 연정아, "헤어컬러링", 훈민사, 2011, pp.34-38.
38) 조정혜, 강영숙, 김명주, 맹유진, 소영진, 오현주, 최정명, "Hair Best Color 컬러리스트를 위한 베이직 북", 훈민사, 2005, pp.52-53.
39) 곽진만, 김명주, 김미선, 김성아, 김혜경 외6명, "Special Hair Colorist", 2011, pp.55-57.
40) 김영미, 강영주, 강미영, 국지연, 김만태, 김미강 외, "헤어컬러디자인", 청구문화사, pp.38-39.
41) 정희영, "헤어 컬러링의 이해", 훈민사, 2011, pp.55-60.

찾아보기

NEW 현장실무중심 [개정판]

Basic Hair Coloring

2020년 9월 20일 초판 발행
2022년 9월 5일 개정판 발행

저 자 박은준·권은실·김우빈·임윤경

발행인 주병오·주민기

발행처 메디시인

주 소 경기도 파주시 회동길 209
파주출판문화도시
영업팀 (031) 955-7566 · 7577
편집디자인팀 (031) 955-7731
F A X (031) 955-7730
홈페이지 www.ji-gu.co.kr
전자우편 jigupub@hanmail.net
등록번호 2005년 2월 16일 제 406-2005-000045호

ISBN 979-11-90839-09-9 값 28,000원